CB050116

PROGRAMA DE AVALIAÇÃO
DA EDUCAÇÃO PROFISSIONAL
PROVEI

PROGRAMA DE AVALIAÇÃO DA EDUCAÇÃO PROFISSIONAL
PROVEI

Avaliando o ensino profissional do SENAI-SP

SENAI-SP editora

SENAI-SP editora

Conselho Editorial
Paulo Skaf - Presidente
Walter Vicioni Gonçalves
Débora Cypriano Botelho
Ricardo Figueiredo Terra
Roberto Monteiro Spada
Neusa Mariani

Engenharia da **Formação Profissional**

Texto final
Célia Maria Vasques Miraldo

Colaboradores
Deisi Deffune
Eliana Misko Soler
José Carlos Mendes Manzano
Luis Fernando de Meira Fontes
Margarida Maria Scavone Ferrari
Marta Isabel Nobrega Bonincontro
Neusa Mariani
Vera Lucia de Souza

Reportagem/entrevistas
Alexandre Asquini

Editor
Rodrigo de Faria e Silva

Editoras assistentes
Ana Lucia Sant'Ana dos Santos
Juliana Farias

Produção gráfica
Paula Loreto

Revisão
Adir de Lima
Luciana Moreira

Capa e projeto gráfico
Negrito Produção Editorial

Foto da capa
Acervo SENAI-SP

© SENAI-SP Editora, 2012

Dados Internacionais de Catalogação na Publicação (CIP)

Miraldo, Célia Maria Vasques
   Programa de avaliação da educação profissional (Provei): avaliando o ensino profissional do SENAI-SP / Célia Maria Vasques Miraldo. – São Paulo: SENAI-SP Editora, 2012.
   104 p. – (Engenharia da formação profissional).

   Bibliografia
   ISBN 978-85-65418-18-8

   1. Avaliação educacional. 2. Ensino profissional. 3. I. Título. II. Série.

CDU – 371.214

Índices para catálogo sistemático:
1. Avaliação educacional : 371.26
2. Ensino profissional : 377

SENAI-SP Editora
Avenida Paulista, 1313, 4º andar, 01311 923, São Paulo – SP
F. 11 3146.7308
editora@sesisenaisp.org.br

Apresentação

Uma casa de educação com a complexidade, diversidade e nível de comprometimento com a sociedade, como é o caso do Departamento Regional do Senai de São Paulo – Senai-SP, precisa contar com programas de avaliação educacional capazes de produzir dados confiáveis para subsidiar a melhoria contínua nos currículos, nos processos de ensino e de aprendizagem, na capacitação dos docentes, enfim, na gestão educacional.

Para tanto, os programas devem ser abrangentes, transparentes, participativos e suscitar credibilidade entre os atores educacionais que neles se envolvem, porque os assumem como coadjuvantes importantes para suas ações de formação. Quando os envolvidos no desenvolvimento de um curso confiam no processo avaliativo, a adesão ao programa se amplia, criando uma cultura sólida de avaliação educacional.

Esse é o caráter formativo – e, portanto, transformador – que possui o Programa de Avaliação da Educação Profissional do Senai-SP – o Provei, implantado a partir de 2001. Caracterizado por se tratar de avaliação de larga escala, conduzida por instituições externas, o Provei foi concebido pelo Senai-SP para acompanhar o desenvolvimento das ações formativas da instituição.

Sem esquecer o caminho metodológico já percorrido pelo Senai-SP na concepção e realização de processos avaliativos, o Provei avança, tornando-se ocorrência regular que se encontra, agora, em sua 6ª edição. Hoje, a comunidade do Senai-SP incorpora com naturalidade os resultados dessa avaliação como referencial para planejamento e correção de rumos das ações educacionais.

Por isso, é com orgulho que apresentamos nesta publicação os referenciais e a metodologia do Provei, tendo em vista compartilhar o conhecimento produzido no Senai-SP com o público interessado na evolução da educação profissional brasileira.

Walter Vicioni Gonçalves
Diretor Regional do Senai-SP

Sumário

Siglas e acrônimos 9

I. UM POUCO DA HISTÓRIA 11
1.1. A importância da avaliação educacional no Senai-SP 25
1.2. O papel formativo dos processos de avaliação 28
1.3. A função da avaliação externa 32
1.4. Avaliar não é apenas medir 34
1.5. Avaliação precisa, útil, viável e ética 38
1.6. Avaliação sistemática e contínua 40
1.7. Pressupostos para a avaliação 41
1.8. A apropriação dos resultados 42

II. A ESTRUTURA DO PROGRAMA DE AVALIAÇÃO DA EDUCAÇÃO
PROFISSIONAL — PROVEI 45
2.1. Desempenho dos alunos como dado de entrada para a avaliação ... 45
2.2. O perfil profissional 47
2.3. Seleção dos dados a coletar 53

III. ABRANGÊNCIA DO PROVEI 57

IV. CARACTERÍSTICAS METODOLÓGICAS DO PROVEI 59
4.1. A matriz de referência do curso 62

4.2. Os instrumentos de avaliação 70
    4.2.1. Provas de conhecimentos específicos 72
    4.2.2. Provas de raciocínio lógico 73
4.3. O contexto para a interpretação dos resultados 74
    4.3.1. Questionários 74
    4.3.2. Entrevistas presenciais 75
    4.3.3. Grupos focais 75
4.4. Análise das provas pelos docentes 76
4.5. Análise dos resultados da avaliação 79
    4.5.1. Análise psicométrica das provas 79
    4.5.2. Análise pedagógica das provas 82
    4.5.3. Resultados advindos de questionários, entrevistas e grupos de foco 83
4.6. A divulgação dos resultados 84
4.7. O uso dos resultados 87
4.8. À guisa de conclusão das características metodológicas do PROVEI.... 90

V. CONSIDERAÇÕES FINAIS 91

5.1. Fatores relacionados ao sucesso do PROVEI 91
5.2. Afinal... o que é qualidade na educação profissional? 93
5.3. O aprimoramento do processo avaliativo 97

Referências bibliográficas 101

Siglas e acrônimos

C	Capacidade técnica
CG	Competência Geral
EC	Elemento de Competência
PD	Padrão de Desempenho
Provei	Programa de Avaliação da Educação Profissional
R_{bis}	Coeficiente de correlação bisserial
Senai-SP	Serviço Nacional de Aprendizagem Industrial – Diretoria Regional de São Paulo
Sesi-SP	Serviço Social da Indústria – Diretoria Regional de São Paulo
TCT	Teoria Clássica dos Testes
UC	Unidade de Competência

CAPÍTULO I

Um pouco da história

....

> *Você não consegue mudar o*
> *que não consegue encarar.*
> JAMES BALDWIN[1]

V ocê não consegue mudar o que não consegue encarar... Esse pensamento é oportuno para iniciar um texto que se dedica ao tema da avaliação educacional, pois, quando se avalia, buscam-se dados que auxiliem a mudar a realidade do modo mais objetivo possível. Sem a descrição da realidade, não há como mudá-la. Ser capaz de encarar o objeto avaliado, tirar-lhe as máscaras e olhá-lo por meio de lentes mais precisas exige desprendimento, compromisso e mente aberta para acolher forças e fraquezas com a mesma imparcialidade.

Foi esta a jornada que o Departamento Regional do SENAI de São Paulo – SENAI-SP – decidiu realizar, a partir de 2001, quando incluiu a

---

1. James Baldwin (1924-1987) foi o primeiro escritor norte-americano a dizer aos brancos o que os negros de seu país pensavam e sentiam.
* As afirmações que se encontram nas caixas de texto foram obtidas em entrevistas realizadas com alunos, docentes, coordenadores, diretores de escolas, Gerente de Educação, Diretor Técnico e Diretor Regional do SENAI-SP, com a finalidade de verificar o significado do PROVEI para os que o vivenciam.

avaliação educacional como um de seus projetos estratégicos e implantou o Programa de Avaliação da Educação Profissional – o PROVEI.

Na primeira proposta de avaliação, solicitada à Gerência de Educação pelo então Diretor Técnico, Walter Vicioni Gonçalves, pode-se ler:

> [...] Sem dúvida, um conjunto consistente de informações objetivas sobre condições de funcionamento dos cursos, nível dos docentes, sistemática de trabalho, expectativas e desempenho dos alunos permite chegar a propostas de ações para elevação da qualidade do ensino que logrem mais sucesso do que aquelas implementadas sem conhecimento minucioso da realidade que pretende atingir. Além disso, informações produzidas por um processo fidedigno e sistemático permitem avaliar os cursos segundo critérios tais como flexibilidade, abrangência, viabilidade e excelência, fundamentando decisões quanto à continuidade e expansão dos cursos. (Projeto de avaliação, 2000.)

Na verdade, muito embora o PROVEI seja a primeira avaliação externa abrangendo a totalidade de cursos da rede de escolas do SENAI-SP, não foi a primeira ação a aferir a qualidade da educação – ao contrário, representou a integração dos saberes e experiências acumulados pela instituição.

> *O PROVEI representa a reafirmação de uma tradição, que o SENAI-SP sempre cultivou, de avaliar os resultados de seus esforços na educação profissional.* (Walter Vicioni Gonçalves, Diretor Regional)

Processos avaliativos sempre se fizeram presentes no SENAI-SP, pois o aperfeiçoamento contínuo é um compromisso que remonta aos tempos de sua criação. Paulo Ernesto Tolle, um dos Diretores Regionais, nos lembra que

> [...] Aperfeiçoar-se é tender ao melhor, e, portanto, fazer-se diferente, sem deixar de ser o que era. (SENAI-SP, 1991.)

> *O SENAI – e isso também é histórico! – sempre foi muito envolvido com a questão da aprendizagem, de modo que a essência do processo educacio-*

nal nunca foi o "ensinar", e sim o "aprender". Então, considerando essa essência, o que realmente vale para o SENAI é o que o aluno aprende.
(Walter Vicioni Gonçalves, Diretor Regional)

Quando se revisitam os compromissos institucionais iniciais, por ocasião da estruturação do SENAI-SP pelo primeiro Diretor Regional, Roberto Mange, pode-se encontrar, desde então, os preâmbulos para os desenvolvimentos posteriores da avaliação educacional nesta instituição. No Relatório de Atividades do SENAI-SP de 1953, Mange chama a atenção para os perigos de

> [...] ficar encastelado numa torre de marfim, satisfeito com seu bom êxito aparente, ouvindo frequentemente elogios e acabando assim por convencer a si mesmo de que tudo estaria correndo às mil maravilhas. Estado de espírito este altamente perigoso, porque prejudicial à autocrítica e ao progresso. (SENAI-SP, 1991.)

Essa postura remete, portanto, à necessidade de se avaliar constantemente os currículos, os resultados obtidos pelas ações de formação e os processos que produziram esses resultados, buscando

> [...] observar e pesquisar [...] as falhas existentes e os erros cometidos e tratar de corrigi-los. Nessa pesquisa de causas destacam-se as que têm relação com a eficiência do ensino e com a evasão dos alunos, causas que devem ser procuradas na própria casa antes de querer atribuí-las a terceiros ou a fatores estranhos. Assim, iniciou-se um intenso movimento esclarecedor em torno do objetivo nevrálgico do SENAI, isto é, o aluno. (Relatório SENAI-SP, 1949 apud SENAI-SP, 1991.)

Posicionar o aluno no centro das ações de educação profissional, como Mange queria desde sempre, continua sendo o principal compromisso do SENAI-SP. Aí reside a importância da realização de processos avaliativos que produzam descrições objetivas dos resultados de aprendizagem obtidos pelos alunos.

Muitos foram os projetos de avaliação educacional desenvolvidos no SENAI-SP com essa finalidade, em diferentes épocas. Toda a ação de supervisão escolar, por exemplo, presente desde a implantação da instituição, pode configurar-se como avaliação dos processos educacionais. Acompanhando as escolas para verificar o atendimento a padrões estabelecidos e orientando as equipes quanto a práticas alternativas para atingir esses padrões, a supervisão escolar estava buscando a melhoria contínua.

Outros exemplos de avaliações conduzidas no SENAI-SP, ao longo dos anos, podem ser encontrados na verificação de:

- efeitos da implantação de novos programas;
- utilização de materiais didáticos impressos ou outros;
- implantação de novas propostas metodológicas para o ensino;
- eficácia e eficiência de unidades curriculares específicas;
- resultados de aprendizagem dos alunos em determinados cursos;
- efeitos de modalidades experimentais de ensino;
- conhecimentos prévios dos alunos.

Essas avaliações tinham sempre forte comprometimento com o aperfeiçoamento da educação oferecida pelo SENAI-SP. No entanto, praticava-se avaliação educacional com objetos de avaliação não necessariamente integrados, podendo-se avaliar material didático em um curso, eficácia de um componente curricular em outro curso e assim por diante. Isso se devia menos a uma concepção de avaliação pouco globalizante e mais a fatores da conjuntura do momento: equipe técnica reduzida, inexistência das facilidades de automação, decisão de atuar como centro de pesquisas para definição de metodologias inovadoras de avaliação educacional. O PROVEI foi uma oportunidade de integrar práticas anteriormente empregadas em experiências avaliativas bem-sucedidas.

Entre os estudos do final da década de 1980, encontram-se propostas de avaliação que procuravam diagnosticar as habilidades básicas dos alunos, pela verificação periódica de seus desempenhos. Foram desenvolvidas baterias de provas para avaliar a proficiência em leitura e interpretação de textos e em operações matemáticas. A aplicação desses instrumentos forneceu indicações importantes aos docentes para replanejamento do ensino e reforço de habilidades dos alunos.

Ainda nessa mesma época, o SENAI-SP implantou um programa de diretrizes denominado Planejamento de Ensino e Avaliação do Rendimento Escolar (PEARE), em todas as escolas da rede (SENAI-SP, 1987). Tratava-se de metodologia com a finalidade de fortalecer os processos de ensino e de aprendizagem, fornecendo referenciais aos docentes sobre como conduzir processos avaliativos consistentes, vinculados ao planejamento do ensino e voltados ao desenvolvimento dos alunos.

O programa realizou a capacitação de todos os docentes da rede de escolas na compreensão e operacionalização de princípios educacionais que passaram a sistematizar as diferentes práticas pedagógicas, estimulando uma visão comum da educação praticada. A implantação dessas diretrizes foi avaliada em processos participativos envolvendo alunos, docentes, equipes técnico-pedagógicas e diretores de escolas.

Na sequência, foram realizados estudos para avaliar o desenvolvimento dos cursos do SENAI-SP. Os procedimentos de avaliação educacional utilizados nessa fase incluíam o exame dos desempenhos dos alunos concluintes em provas escritas e provas práticas. Os alunos deviam resolver situações-problema, típicas do contexto profissional do curso avaliado. Sendo assim, enquanto eles atuavam, seus desempenhos eram registrados em instrumentos que consistiam em listas de verificação, elaboradas conjuntamente por especialistas em avaliação e docentes das escolas envolvidas.

O processo avaliativo se dava a partir de padrões de desempenho a serem observados durante o processo de resolução das situações e padrões a serem atendidos nos produtos elaborados pelos alunos. Tratava-se de avaliação abrangente e completa, que apresentava como um dos efeitos mais importantes a capacitação dos docentes em serviço.

Uma questão essencial, no entanto, surgia durante esse processo: seria possível o próprio SENAI-SP afiançar que os processos de ensino e de aprendizagem estavam sendo bem desenvolvidos? Em que pese o crescimento profissional e didático dos docentes a partir da avaliação, qual a credibilidade em se apresentarem, para a prestação de contas à sociedade, resultados produzidos intramuros sobre a formação realizada? Essas dúvidas já indicavam a necessidade de avaliação dos processos formativos realizada por instituições externas.

> *Desenvolvíamos muitos desses processos internamente. De certa forma, o que faltava era um pouco a visão externa, que estamos conseguindo com o PROVEI.* (João Ricardo Santa Rosa, Gerente de Educação)

Em meados da década de 1990, e como resultado do amadurecimento da equipe de avaliação, criada dez anos antes com a atribuição de sistematizar as propostas de avaliação educacional existentes no SENAI-SP, foi desenhado um modelo de avaliação da competência (SENAI-SP, 1993) que propunha realizar avaliação via desempenho dos alunos e visava a instauração de processos de melhoria contínua. Previa ainda a descrição do contexto escolar em que se davam os processos de ensino e de aprendizagem e o conhecimento dos atores do processo educacional, mediante investigação de seus valores, crenças, interesses e outras informações socioeconômicas que pudessem representar um quadro explicativo para os resultados de aprendizagem obtidos. Pode-se dizer que o modelo forneceu um marco importante para a posterior formulação do PROVEI com as características que passou a ter.

No final da década de 1990, por influência também do contexto de avaliação educacional no país, foi realizado, como experiência piloto, um Provão da educação profissional no SENAI-SP, em duas escolas, no curso técnico de Eletrônica. Na oportunidade, partindo do perfil profissional de conclusão do curso, estabeleceram-se as *situações críticas* do agir profissional na área, a fim de identificar o que avaliar.

Isso possibilitou a elaboração da tabela de especificação[2] da prova de conhecimentos específicos com itens de múltipla escolha, formulados

---

2. A tabela de especificação de uma prova objetiva com questões de múltipla escolha mostra o planejamento das habilidades a serem avaliadas, o número de questões que verificarão cada uma delas e a distribuição balanceada da alternativa correta.

sob a forma de situações-problema, pois buscava-se avaliar níveis mais complexos de aprendizagem, tais como aplicação e análise.[3]

Além disso, foi avaliado o raciocínio lógico dos alunos concluintes, visando a diagnosticar habilidades básicas para a construção das competências. Reside aí mais um marco para a formulação posterior do PROVEI.

É importante comentar que, completando a bateria de provas do Provão, foi apresentada uma situação-problema, prática, contendo todas as orientações para resolução pelos alunos e uma lista de verificação para registro dos procedimentos utilizados por eles. Visava-se a aferir, além de suas habilidades psicomotoras para resolverem o problema, habilidades cognitivas como elaborar plano de trabalho, dimensionar utilização de componentes, prever custos e outras.

Assim, em 2001, quando foi solicitada à equipe a elaboração de proposta para avaliação de todos os cursos, conduzida por instituição externa, os fundamentos já estavam delineados:

- avaliação por meio de provas objetivas de conhecimentos específicos para todas as áreas tecnológicas atendidas pelo SENAI-SP, contendo itens de múltipla escolha apresentados sob a forma de situações-problema;
- inclusão da verificação do raciocínio lógico dos alunos;
- investigação de variáveis do contexto da escola, intervenientes nos processos de ensino e de aprendizagem, e caracterização dos atores educacionais, com o levantamento de variáveis tais como perfil socioeconômico, interesses e experiência no mundo do trabalho;
- processo participativo envolvendo principalmente docentes, mas também alunos, equipe técnico-pedagógica e diretores.

Esse foi o contexto interno de desenvolvimento da área de avaliação educacional no SENAI-SP. Entretanto, fatores externos também

---

3. Níveis de aprendizagem propostos por Bloom na taxonomia para o domínio cognitivo: conhecimento, compreensão, aplicação, análise, síntese e avaliação. (Bloom, 1956.)

influenciaram a proposição do PROVEI em 2001, dotando-o das características que esse programa tem hoje.

O cenário educacional do país, no final do século XX, era o de grandes transformações, provocadas pela recém-promulgada Lei de Diretrizes e Bases da Educação Nacional (LDB), em 1996. Nela, a educação profissional é concebida como complementar à educação básica, ao mesmo tempo que esta se vincula ao mundo do trabalho e à prática social.

Busca-se superar definitivamente a ideia de que a educação profissional é alternativa de formação para jovens de baixa renda, sem outras possibilidades de escolarização e trabalho. A formação do cidadão trabalhador é o foco das transformações, pois a educação, seja básica ou profissional, é para todos. Reconhece-se que o país precisa de trabalhadores qualificados para enfrentar os desafios tecnológicos da sociedade.

Ademais, a LDB apresentou um outro tema de modo incisivo – o da avaliação da qualidade da educação. A lei inclui princípios e determinações para que o país alcance a melhoria do ensino em todos os níveis. Direta ou indiretamente, identificam-se inúmeras exigências quanto à avaliação que, a partir de 1996, começaram a ser postas em prática pelo Ministério da Educação (MEC). Afirma Villas Boas (2002):

> Essas exigências incluem a avaliação do rendimento escolar dos alunos dos ensinos fundamental, médio e superior dos cursos e das instituições de ensino superior. A palavra "avaliação" aparece em 13 dos seus 92 artigos (da LDB). Passou a ser palavra de ordem. [...] a implantação do Saeb, do Enem e do Exame Nacional de Cursos (Provão) tem colocado a avaliação em xeque.

Ao que tudo indicava, a avaliação da educação, no país, veio para ficar, tornando-se contínua e sistemática. Surgiram metodologias para avaliar os vários níveis de educação – Ensino Fundamental, Ensino Médio, Ensino Superior.

> *Decidimos, aqui em São Paulo, implantar o PROVEI, recuperando numa certa medida aquela tradição da avaliação dos alunos quando da saída*

> *do curso e acompanhando ainda um movimento, adotado no Brasil, de aplicação de grandes provas de avaliação, como o Exame Nacional do Ensino Médio (Enem)*. (Walter Vicioni Gonçalves, Diretor Regional)

Em seguida, essas metodologias passaram por reformulações, como foi o caso, apenas para citar um exemplo, da avaliação das instituições de Ensino Superior para as quais se implantou, em 2004, o Sistema Nacional de Avaliação da Educação Superior (Sinaes), metodologia que conjuga autoavaliação institucional, avaliação por especialistas externos, do MEC, e avaliação do desempenho dos estudantes.

Acredita-se que é apenas uma questão de tempo para que a avaliação da educação profissional seja exigida e regulamentada pelo MEC. Na verdade, a elaboração dos Planos de Curso da Educação Profissional Técnica de Nível Médio passou a seguir a estrutura definida na Resolução CNE-CEB Nº 04/99, que instituiu as diretrizes curriculares para essa modalidade de ensino, para fins de aprovação dos cursos pelos órgãos competentes. De certa forma, trata-se, já, de uma proposta para avaliação dos cursos técnicos por órgão competente das Secretarias de Educação dos Estados.

Pode-se dizer que o SENAI-SP, ao implantar o PROVEI em 2001, com base na leitura desse contexto e de seu próprio amadurecimento na área da avaliação educacional, antecipou-se a uma determinação governamental que, até os dias atuais, ainda não abrange a formação inicial e continuada nem os cursos técnicos de nível médio. Então, a fim de permanecer em alinhamento com esses fatos do cenário nacional, o programa de avaliação educacional do SENAI-SP deveria ser capaz de responder a perguntas fulcrais, como:

- os cursos estão desenvolvendo nos alunos as competências necessárias ao agir profissional em cada área tecnológica?
- os docentes têm as competências técnicas e pedagógicas requeridas para desenvolver a formação dos alunos, tendo como referencial os perfis profissionais?

- a formação dos docentes é compatível com o ensino que desenvolvem?
- existe o envolvimento de docentes, alunos e equipes das escolas na avaliação, de modo que sintam-se participantes de um processo que é produto do trabalho de todos?
- que características socioeconômicas dos alunos podem estar relacionadas ao seu desempenho? Há como interferir nesses fatores?
- o clima escolar favorece as aprendizagens? É de integração?
- a infraestrutura presente nas escolas dá suporte ao processo formativo?
- o processo de formação mostra ter qualidade? O que se entende por "qualidade do processo", nesse caso?

Buscando respostas a essas questões, seja em seu planejamento, seja na análise e interpretação dos resultados obtidos, o Provei passa a ser considerado projeto estratégico, apontado no Plano de Trabalho de 2001 como um dos objetivos prioritários do Senai-SP.

À época da implantação do Provei, outras avaliações educacionais estavam em curso na instituição. Os currículos estruturados e consolidados em Planos de Curso passavam por avaliação de especialistas de universidades a fim de se verificar sua coerência interna e consistência com as demandas do mercado de trabalho, além de sua viabilidade de implantação pelas escolas. Os egressos dos cursos também contavam com acompanhamento, após um ano da conclusão do curso, a fim de se verificar sua inserção no mercado de trabalho e a suficiência das competências desenvolvidas. Dessa forma, um curso já era avaliado antes de ser implantado e após a entrada dos egressos no mercado de trabalho. O Provei foi então concebido para preencher uma lacuna, especificamente em relação à avaliação durante o desenvolvimento do curso.

> *Estamos sempre preocupados com o aluno, com a sua preparação, com a sua formação, mas com o Provei, nós nos valemos do exame a que o*

aluno se submete para avaliar o processo por meio do qual o curso está sendo desenvolvido. (João Ricardo Santa Rosa, Gerente de Educação)

A Figura 1 foi criada pelo SENAI-SP, em 2002, para explicar esquematicamente como se dão as avaliações nos vários momentos de um curso, integrando um sistema de avaliação educacional:

FIGURA 1: *Esquema SENAI-SP de avaliação*

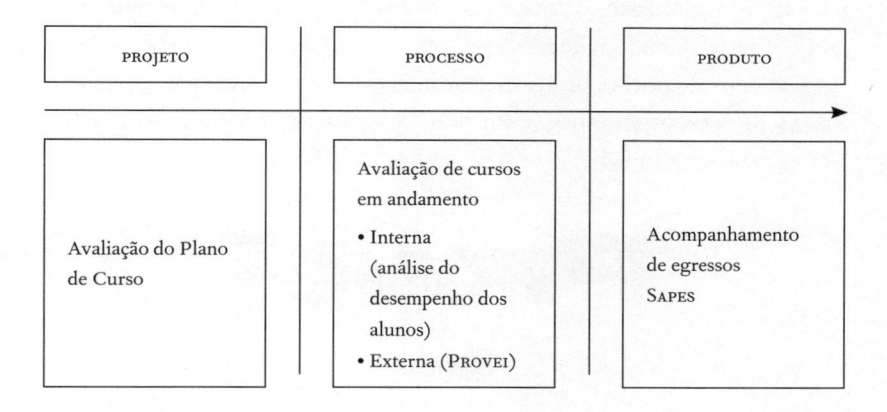

PROJETO	PROCESSO	PRODUTO
Avaliação do Plano de Curso	Avaliação de cursos em andamento • Interna (análise do desempenho dos alunos) • Externa (PROVEI)	Acompanhamento de egressos SAPES

Com avaliações nos três momentos, em dois deles contando-se com a parceria de instituições avaliadoras externas, acredita-se conquistar mais credibilidade em relação às ações formativas do SENAI-SP, junto a empresas e outros públicos externos.

Em sua primeira edição, o objetivo do PROVEI foi realizar a avaliação dos *Cursos de Aprendizagem Industrial (CAI)*[4] e dos *Cursos Téc-*

---

4. Curso de Aprendizagem Industrial (CAI) – formação de aprendizes e candidatos a emprego, destinada a jovens de 14 a 24 anos, proporcionando-lhes condições para exercício de uma ocupação qualificada que possui média complexidade técnica, exigindo o planejamento e a organização do seu próprio trabalho, recebendo orientações para isso, e envolvendo a colaboração com seus colegas, frequentemente em trabalho de equipe. O curso é estruturado por atividades teóricas e práticas, metodicamente organizadas, conforme perfil profissional definido.

nicos (CT)[5], com base no desempenho de alunos concluintes da fase escolar, de modo a aferir o grau de alcance do perfil profissional de conclusão e propor ações de melhoria, visando à qualidade dos processos formativos. A expectativa era a de que os resultados obtidos contribuiriam para subsidiar os processos decisórios quanto à atualização de equipamentos, capacitação de docentes, alterações curriculares e ou nos processos de ensino e de aprendizagem. A meta foi, e continua sendo, a melhoria contínua. Edições seguintes do PROVEI passaram a incluir a avaliação do Curso Superior de Formação de Tecnólogos (Graduação).

Cabe, neste ponto, um comentário acerca das razões que levaram o SENAI-SP a escolher o nome PROVEI para este programa de avaliação. O logotipo criado foi:

O nome PROVEI foi escolhido porque o aluno tem a oportunidade de comprovar o que aprendeu e aprovar as condições escolares a ele oferecidas para sua aprendizagem. Por sua vez, o SENAI-SP também tem a oportunidade de comprovar e provar para a sociedade, em geral, e para a comunidade empresarial, em particular, que desenvolve uma

---

5. Curso Técnico (CT) – formação de técnicos de nível médio, destinada a jovens que já completaram o Ensino Fundamental e que: a) cursam o Ensino Médio e profissionalizante na mesma instituição (modalidade integrada); b) cursam o Ensino Médio e o técnico profissionalizante em distintas instituições de ensino (modalidade concomitante); c) já tenham concluído o Ensino Médio (modalidade subsequente). A formação visa à atuação em ocupações que envolvem atividades em geral tecnicamente complexas e não rotineiras, realizadas em ampla variedade de contextos. Os profissionais possuem um considerável grau de responsabilidade e de autonomia de decisões, devendo trabalhar em equipe.

educação profissional de qualidade e promove as mudanças necessárias visando à melhoria contínua. Esse foi o mote para a criação da afirmação "comprovando seu valor". Esta afirmação e a marca PROVEI, agregadas ao logo do SENAI-SP, estabelecem as relações entre o significado da avaliação e o compromisso da instituição.

> *Uma organização como o SENAI, que tem uma importante proposta educacional, deve dar respostas à sociedade. Podemos dizer que o ensino oferecido pelo SENAI está bom, mas apenas dizer não basta, é preciso provar. E como se faz para provar? Só avaliando.* (Diretor de escola)

A seguir, apresentam-se os fundamentos e os referenciais adotados no planejamento dessa avaliação.

FUNDAMENTOS E REFERENCIAIS

Planejar e colocar em prática o Programa de Avaliação da Educação Profissional no SENAI-SP exigiu a tomada de uma série de decisões. Entre elas, as ponderações sobre a teoria de avaliação, os desafios a enfrentar numa avaliação que deve servir a uma rede com cerca de 90 escolas e a definição dos procedimentos necessários para comprovar a qualidade da educação praticada na instituição.

Um programa com essa dimensão envolve, portanto:

- a escolha de uma postura filosófica em relação ao que se entende por avaliação e suas finalidades;
- a garantia de utilização dos resultados obtidos exclusivamente para implantação de processos de melhoria contínua;
- a difícil escolha dos dados que serão coletados;
- a atenção aos aspectos metodológicos da elaboração de instrumentos confiáveis de avaliação;
- a delicada tarefa de definir os critérios de avaliação;

- a decisão quanto ao tipo de avaliação a se desenvolver, incluindo os procedimentos para coletar os dados;
- a habilidade necessária para tecer interpretações significativas a partir dos resultados obtidos; e
- a participação dos atores do processo educativo na análise dos resultados, estimulando-os a se apropriar destes e se comprometer com as melhorias a implantar.

Segue-se a abordagem de alguns fundamentos que embasaram as decisões tomadas no planejamento do PROVEI. Antes, porém, é pertinente reafirmar que o primeiro e mais importante referencial para as ações formativas, incluindo-se a avaliação educacional, é o aluno. Ter clareza do profissional que se deseja formar é prioritário para realizar uma avaliação relevante.

> *Temos um compromisso com esse "aprender" por parte do aluno. E o PROVEI veio para auxiliar o diagnóstico da educação do SENAI. Veio para mostrar onde estamos bem e onde não estamos bem. Do processo do PROVEI, decorrem vários planos de ação que redundam em melhorias para os cursos.* (Walter Vicioni Gonçalves, Diretor Regional)

Recorrendo novamente a Mange, que, nas décadas de 1940 e 1950, postulou objetivos educacionais válidos até os dias de hoje, constata-se que desde esse tempo o pensamento do SENAI-SP se voltava para a necessidade de, por meio da educação profissional, possibilitar ao aluno o acesso à cidadania.

Assim, além de proporcionar uma profissão, possibilitando-lhe trabalho e participação no processo produtivo do país e, com isso, um sentimento de dignidade, a educação profissional deve formar o aluno integralmente, dando-lhe sentido do dever, da honestidade, do espírito cívico, enfim, forjando-lhe o caráter (SENAI-SP, 1991). Poder-se-ia dizer, utilizando expressões da atualidade, que o SENAI-SP põe em prática os ideais de levar os alunos não só a aprenderem a conhecer e a fazer, mas também aprenderem a viver juntos e a ser (Delors, 1998).

Os relatórios da Avaliação Institucional dos Cursos Superiores de Tecnologia do SENAI-SP descrevem o que se entende por essa formação mais ampla:

> [...] os alunos do SENAI-SP são estimulados a:
> a) desenvolver o gosto pelo trabalho bem feito, com qualidade, e o respeito à segurança e à preservação do meio ambiente;
> b) valorizar os espaços de estudo, de trabalho e de lazer – escola, empresa e recursos da comunidade, como bens comuns;
> c) desenvolver a estética da sensibilidade, a política da igualdade e a ética da identidade;
> d) ter consciência de sua importância como pessoa e como cidadão partícipe da comunidade brasileira;
> e) desenvolver as capacidades de autonomia e de senso crítico, voltados à formulação de juízos de valores próprios;
> f) elaborar projeto de vida – profissional e pessoal –, considerando a temporalidade do ser humano;
> g) optar por alternativas de desenvolvimento profissional, tendo em vista as características do tempo e do espaço em que vivem, no sentido lato, equalizadas pelos interesses pessoais;
> h) agir e reagir frente a situações de instabilidade do mercado de trabalho e de novas exigências de capacitação profissional;
> i) buscar o desenvolvimento de novas competências, como principal responsável pelo próprio aperfeiçoamento, na perspectiva de educação permanente, que se dá ao longo da vida. (Projeto de Avaliação Institucional, v. 8, 2004.)

Esses são, enfim, desempenhos que a avaliação deve captar, além de verificar o domínio de conhecimentos e capacidades técnicas em cada profissão.

1.1. A importância da avaliação educacional no SENAI-SP

É difícil enfatizar suficientemente a importância dos processos de avaliação, seja do ponto de vista do aluno, quando se faz a avaliação da aprendizagem, seja do ponto de vista do próprio sistema de educação profissional, quando se realiza, por exemplo, a avaliação dos currículos. É crucial dispor de dados precisos para diagnosticar a educação profissional de forma contínua. Essa foi mais uma das intenções do PROVEI.

> *O PROVEI se configura como um fator a garantir a qualidade da formação profissional oferecida pelo SENAI em apoio à ampliação da competitividade industrial do País.* (Ricardo Figueiredo Terra, Diretor Técnico)

A avaliação bem conduzida permite:

- trabalhar de maneira racional, transparente e rigorosa;
- orientar o desenvolvimento de um processo, auxiliando-o a se aproximar dos objetivos desejados;
- fazer reflexões e propor mudanças com base em dados, e não nas opiniões ou considerações pessoais;
- evidenciar os movimentos próprios de um processo ou situação, explicitando seus rumos e possibilitando, a partir de um conjunto confiável de dados, a reflexão conjunta a seu respeito.

Por fim,

> [...] a avaliação serve para pensar e planejar a prática didática. (Sacristán, 1998.)

O fato de contar com resultados objetivos sobre a formação que pratica e de estimular a reflexão sobre eles nas equipes das escolas permite ao SENAI-SP tornar público um diagnóstico acerca da educação que promove. Assim fazendo, atende a uma exigência da área de avaliação educacional relacionada à *accountability*, ou seja, a prestação de contas que toda instituição deve fazer sobre as ações que realiza, visando a responder às demandas pelas quais se responsabiliza.

Fernandes (2005) diz que:

Milhões de alunos em todo o mundo são assim atirados para o chamado mercado de trabalho sem que possuam quaisquer qualificações dignas desse nome. Na ausência de uma verdadeira igualdade de oportunidades surge a ameaça, mais ou menos séria, à coesão social, equilíbrio essencial nas sociedades democráticas.

Nesse contexto, é fundamental questionar: o SENAI-SP deseja entregar à sociedade profissionais que não detenham as competências necessárias para o agir profissional? Definitivamente "não". Então a avaliação sistemática, contínua, formativa e democrática é um caminho viável.

> *O aluno precisa dominar as competências indicadas no perfil de saída do curso que estiver fazendo, e deve estar pronto a demonstrá-las e utilizá-las quando necessário, e para tanto precisará exercitá-las. Se o PROVEI demonstrar que uma determinada competência não está sendo assimilada pelos alunos, será preciso reforçar esse ponto.* (João Ricardo Santa Rosa, Gerente de Educação)

Um outro aspecto que pode ter grande impulso a partir dos resultados de avaliações é a capacitação dos docentes. Dados sistemáticos a respeito do desempenho dos alunos, se analisados com os docentes, podem fornecer-lhes orientação mais precisa e plena de significado.

Os dados referentes aos desempenhos dos alunos são mais próximos ao docente, que sabe como ocorreram os processos de ensino e de aprendizagem. E, assim, ao analisar os resultados de seus alunos, obtidos por meio de avaliação externa, os docentes podem avaliar sua prática pedagógica e propor mudanças, quando necessário.

> *O PROVEI é um "instrumento norteador". Com ele é possível analisar o trabalho que foi desenvolvido com os alunos, identificando o que pode ser melhorado, o que pode ser mantido nesse processo de ensino.* (Docente)

Além disso, instrumentos construídos por especialistas externos, a partir dos perfis profissionais de conclusão dos cursos, podem constituir-se em referenciais para os docentes elaborarem seus próprios instrumentos de avaliação da aprendizagem ao longo do processo formativo.

Acredita-se, ainda, que a gestão escolar é fortalecida quando pode contar com os resultados de avaliação externa, para fundamentar a tomada de decisões das mais variadas naturezas. Decisões quanto a como distribuir recursos financeiros, que capacitações propiciar para quais docentes, como rearranjar espaços físicos, o que é prioritário providenciar na atualização tecnológica de um curso e outras mais podem ser facilitadas quando o gestor conta com os resultados obtidos ao final de todo o processo formativo.

Silva (2004) apresenta argumentos que mostram a importância da avaliação para a gestão dos processos educacionais:

> A razão de ser da avaliação está em acompanhar interativa e regulativamente se os objetivos pedagógicos estão sendo atingidos. Os processos avaliativos visam aproximar as formas de planejar, de ensinar, de aprender e também de avaliar através da coleta do maior número possível de informações que sejam relevantes para a melhoria da qualidade social do trabalho pedagógico.

O que se espera como resultado da realização de processos avaliativos contínuos, sistemáticos e rigorosos? Espera-se que as escolas se tornem organizações *aprendentes*, tal como Fullan e Hargreaves (2000) as concebem. Nelas, um *profissionalismo interativo* se desenvolve com a finalidade do aperfeiçoamento contínuo. Os alunos também ganharão se a escola se tornar uma organização que aprende, pois torna-se um local de interesse e de realização para docentes, alunos e gestores. De fato, num ambiente que valoriza a melhoria, os docentes confirmam a percepção de que

> [...] possuem uma profissão emocionalmente apaixonante, profundamente moral e intelectualmente exigente. (Fullan e Hargreaves, 2000.)

1.2. O PAPEL FORMATIVO DOS PROCESSOS DE AVALIAÇÃO

O Provei vem exercendo um papel formativo na educação profissional realizada no Senai-SP, e isso ocorre pelas razões expostas a seguir.

O Provei tem primordialmente uma função formativa[6]. Em sua constituição, poderia ter sido definido que essa avaliação serviria de base para fundamentar decisões de continuidade ou descontinuidade de cursos e escolas. No entanto, a função crucial do Provei é fornecer informações para que os gestores escolares e os docentes possam adotar ações de melhoria dos processos de ensino e de aprendizagem.

Decisões quanto à continuidade ou descontinuidade do funcionamento de programas, cursos e escolas dependem de uma avaliação com caráter somativo, o que não foi a escolha quando se planejou o Provei.

Assumindo a formulação de Hadji (2001) – muito embora ele revele a dificuldade de identificar características *a priori* que definam um processo avaliativo como *formativo* –, alguns fatos dão esse caráter a uma avaliação:

- ter como principal função a de contribuir para a regulação da atividade de formação, levantando informações úteis à melhoria dos processos de ensino e de aprendizagem;

---

6. No texto *Metodologias Senai para formação profissional com base em competências:* norteador da prática pedagógica (3. ed., 2009c) são descritas três funções da avaliação:
   1. diagnóstica – permite determinar a presença ou ausência de conhecimentos prévios, identificar interesses, possibilidades e outros problemas específicos, tendo em vista a adequação do ensino. Pode ainda identificar dificuldades de aprendizagem e suas possíveis causas. Desta forma, leva as decisões de encaminhamento do aluno a uma etapa adequada ao seu estágio de desenvolvimento.
   2. formativa – fornece informações ao aluno e ao docente, durante o desenvolvimento do processo de ensino e de aprendizagem. Permite localizar os pontos a serem melhorados e indica, ainda, deficiências em relação a procedimentos de ensino e avaliação adotados. Portanto, a avaliação formativa permite decisões de redirecionamento do ensino e da aprendizagem, tendo em vista garantir a sua qualidade ao longo de um processo formativo.
   3. somativa – permite julgar o mérito ou valor da aprendizagem e ocorre ao final de uma etapa do processo de ensino e aprendizagem. Tem, também, função administrativa, uma vez que permite decidir sobre a promoção ou retenção do aluno, considerando o nível escolar em que ele se encontra.

   O uso dessa terminologia em avaliações em outros contextos além dos processos de ensino e de aprendizagem adquire os mesmos significados, guardadas as características da situação avaliada.

- ser uma avaliação referendada por critérios, o que significa que os resultados são interpretados em função da comparação com um padrão esperado que, no caso do PROVEI, é o alcance do perfil profissional de conclusão do curso;
- evitar a interpretação dos resultados de uma escola ou até mesmo de um curso baseando-se na comparação com outros; ou ainda estabelecer uma classificação do tipo "melhores aos piores", utilizando alguma norma de desempenho, preestabelecida externamente ao funcionamento da escola ou do curso. Ou seja, a própria escola, ou curso, deve ser a referência para a análise dos resultados, buscando-se o que representa melhoria especificamente para essa escola ou esse curso, sem que haja classificação de escolas ou cursos;
- permitir um levantamento das aquisições dos alunos que seja utilizado para identificar a necessidade de um melhor ajuste entre os processos de ensino e de aprendizagem;
- explicitar a intenção do avaliador: a avaliação formativa será, antes de tudo, *informativa*, como diz Hadji (2001); e informativa para quem pode utilizar a informação como ponto de partida para a melhoria — as escolas com seus atores;
- inscrever-se num projeto educativo específico para o qual a realização da avaliação passa a ser fundamental, pois o alimenta à medida que possibilita desvelar novos rumos.

Em resumo, uma avaliação formativa possui três funções fundamentais:

1) favorece o desenvolvimento de quem aprende, seja uma escola, um docente, um aluno;
2) informa os atores envolvidos, trazendo luz sobre o processo formativo; e
3) abre oportunidade para corrigir ações, estimulando uma *variabilidade didática* (Marc Bru, 1991 apud Hadji, 2001) na busca por melhores resultados.

O Provei foi concebido para atender a essas funções. Trata-se de um processo que se coloca deliberadamente a serviço das aprendizagens e das escolas e contribui para a evolução dos atores do processo formativo, descrevendo o que ele obtém em comparação com o que deveria obter. E, por fim, não se trata de uma operação externa de controle, mas, antes, inscreve-se mais apropriadamente como ação de autoavaliação institucional.

> *O Provei é diferente de uma prova pura e simples. Os resultados referentes a uma amostra de alunos dirá que o seu perfil de saída está dentro de determinado formato. Vamos verificar se esse perfil está longe do que se esperava e, se isso acontecer, devemos buscar entender onde está o problema: se está no perfil de entrada do aluno, se está na forma como o curso está sendo ministrado.* (Diretor de escola)

Na verdade, ao implantar o Provei, o Senai-SP estava consciente da grande mudança cultural interna que estava protagonizando. Como aponta Fernandes (2005),

> [...] esta diferença entre uma avaliação orientada para classificar e uma avaliação orientada para melhorar exige mudanças culturais profundas, requer que suscitemos a reflexão informada dos professores, das famílias, dos investigadores, dos gestores escolares e dos responsáveis pela condução de políticas educativas.

Um indicador claro de que o Senai-SP tem essas intenções é o fato de que cada escola recebe apenas os resultados dos cursos que desenvolve. As escolas não têm acesso a resultados que permitam comparações entre elas, pois, por exemplo, em relatórios gerais, nos quais se pode ler os resultados em um curso oferecido por várias escolas, elas são indicadas como "Escola 1", "Escola 2" e assim por diante. Além disso, no acompanhamento das ações educacionais nas escolas, são utilizados os dados de cada escola em comparação com seu próprio desempenho em avaliações anteriores.

> *Exatamente pelo fato de recebermos os resultados individualizados, podemos montar um plano de ação específico, considerando as expectativas dos nossos alunos, dos nossos docentes, das empresas. É possível enxergar os pontos fracos da atuação escolar e atuar para reverter tais situações.* (Diretor de escola)

Delors (1998) explicita com clareza esse caráter pedagógico das avaliações:

> Finalmente, deve também considerar-se que qualquer avaliação tem um valor pedagógico. Dá aos diferentes atores um conhecimento mais perfeito da sua atuação. Difunde, eventualmente, a capacidade de inovação, dando a conhecer iniciativas coroadas de sucesso e as suas condições de realização. No fundo, leva a reconsiderar a hierarquia e a compatibilidade das opções e dos meios, à luz dos resultados.

1.3. A FUNÇÃO DA AVALIAÇÃO EXTERNA

Outro referencial na concepção do PROVEI foi a utilização dos serviços de instituições externas, o que trouxe isenção ao processo avaliativo perante a comunidade. Para a primeira edição, foram contratadas as fundações Carlos Chagas e Cesgranrio, que avaliaram os Cursos de Aprendizagem Industrial e os Cursos Técnicos, respectivamente.

> *No SENAI, sabemos que fazemos um bom trabalho, mas é muito mais interessante que uma entidade externa avalie o nosso trabalho. Além disso, essa entidade externa é isenta, imparcial. E essa isenção é altamente benéfica.* (Diretor de escola)

A experiência de realizar a avaliação contando com o envolvimento de instituições externas foi muito importante para a implantação do PROVEI. Foi possível verificar de que forma outras instituições renomadas desenvolvem um processo avaliativo que, apesar de concebido pelo próprio SENAI-SP, precisava contar com a experiência dos parceiros na elaboração dos instrumentos de avaliação, na logística da aplicação dos instrumentos, na análise e interpretação dos resultados obtidos e em sua divulgação. A comunidade do Senai-SP olha com respeito a ação dos parceiros externos e com eles aprofunda sua reflexão sobre avaliação educacional. Na verdade, a parceria é via de mão dupla, na qual as instituições externas também saem enriquecidas com o conhecimento mais sólido sobre o Senai-SP e sua experiência em avaliação.

> *Com o Provei, o Senai deixa de olhar para o próprio umbigo. Nós abrimos as portas para um organismo externo e perguntamos: como estamos desenvolvendo nossos cursos? Entregamos os planos de curso para outros especialistas, eles formatam o instrumento de avaliação, a avaliação é aplicada e, quando chegam os resultados, podemos ver como estamos desenvolvendo o nosso trabalho.* (Coordenador pedagógico)

É comum, quando se trata da avaliação educacional, ouvirem-se críticas à participação de instituições externas como condutoras dos processos avaliativos. Um argumento é o de que a presença de agentes externos ao processo educacional não leva os atores da educação praticada a se apropriarem dos resultados obtidos, pois acreditam que os dados serão utilizados para a classificação de alunos, de cursos ou de escolas. Outro argumento, considerando a lógica de mercado, defende que os resultados podem ser utilizados para induzir a concorrência entre estabelecimentos de ensino, hierarquizando instituições com a finalidade de indicar aos pais, consumidores, as melhores e as piores alternativas para a educação de seus filhos.

Pode-se afirmar que isso não ocorreu com o envolvimento das instituições externas no Provei. Durante todo o processo foi mantida uma forte parceria entre elas e o Senai-SP. Alunos, docentes, gestores, especialistas em educação tornaram-se participantes ativos do processo de avaliação.

A discussão realizada com as instituições externas tratou do que precisava ser avaliado, indicando a necessidade de se realizar avaliação formativa. Do mesmo modo apontou qual deveria ser a natureza dos instrumentos de avaliação, de maneira que fossem suficientes para verificar o desenvolvimento de conhecimentos e capacidades nos alunos concluintes. Houve, ainda, a participação de docentes e especialistas em educação do Senai-SP na elaboração das matrizes referenciais para a construção das provas e para a interpretação dos resultados.

> *Buscou-se um olhar de fora, a partir, é claro, de indicações, de conteúdos, de habilidades e de competências que o próprio Senai define em referenciais para a avaliação.* (Walter Vicioni Gonçalves, Diretor Regional)

Enfim, houve um trabalho conjunto entre o Senai-SP e as instituições externas para garantir que a avaliação pudesse servir de base para o diálogo e não dar origem a descrições unilaterais. A avaliação foi entendida como um processo contínuo, coletivo, e não como uma atividade isolada.

Todas as edições do Provei têm contado com a parceria e a capacidade técnica de instituições externas, sejam elas fundações especializadas em conceber e coordenar avaliações educacionais de larga escala, sejam elas fundações ligadas a universidades, afeitas à pesquisa e à construção de conhecimento. Isso não só viabiliza a realização da avaliação como também coloca o Senai-SP em contato com diferentes modelos de condução desse processo, enriquecendo ainda mais a capacidade técnica da instituição.

1.4. Avaliar não é apenas medir

A avaliação não pode se restringir a atribuir uma nota a cada curso ou escola, numa visão somativa, com forte apelo estatístico e formal. Como já comentado, por meio dessa metodologia de avaliação não se buscou obter dados para a tomada de decisões quanto à continuidade ou não de cursos ou escolas. Considerando-se que a real natureza de uma avaliação se estabelece pelo uso dos resultados, em relação ao Provei as decisões tomadas são eminentemente de melhoria.

Uma vez que o Provei nasceu com esse caráter formativo, todas as práticas avaliativas voltadas a essa intenção, reconhecidas atualmente na literatura da avaliação, deveriam estar contempladas. Assim, foi considerado o desenvolvimento teórico no campo da avaliação educacional, que passou por quatro diferentes enfoques em sua evolução. Penna Firme (1994) traz uma boa descrição dessa trajetória, indicando as seguintes gerações na evolução do conceito e na prática da avaliação:

- MENSURAÇÃO – no início dos trabalhos de avaliação como campo teórico de estudos, a grande preocupação residia em saber como medir os desempenhos dos avaliados, de modo que os resultados obtidos fossem confiáveis. A capacidade técnica de um avaliador recaía fortemente na construção de instrumentos das mais variadas naturezas, para medir os mais diversos desempenhos.
    O importante era que os instrumentos demonstrassem confiabilidade. Com isso, deu-se o surgimento da Psicometria, área investigativa que estuda a construção de instrumentos válidos e fidedignos. Desenvolveram-se muitos procedimentos técnicos, fortemente fundamentados em tratamentos estatísticos, a fim de padronizar os instrumentos para diferentes populações. A ideia era medir quanto de uma característica, aptidão, desempenho ou atributo os avaliados possuíam;
- DESCRIÇÃO – o exercício da habilidade de quantificar levou os avaliadores à necessidade de definir a qualidade dos desempenhos avaliados. Qual o significado das quantidades obtidas? Se era possível determinar, na geração anterior, que uma pessoa possuía 70 de uma característica, numa escala de 0 a 100, o que isso queria dizer sobre a pessoa como um todo? O que significava dizer que um aluno dominava 63,5 de determinado conteúdo? Que habilidades ele apresentava ou não apresentava? O que isso significava em sua vida? Esses questionamentos levavam à realização de inúmeros trabalhos de avaliação com novo foco, nos quais a ênfase recaía na descrição dos desempenhos dos avaliados, como ocorre principalmente nos

estudos etnográficos. Longos estudos eram realizados com esse objetivo, nos quais a mensuração dos desempenhos era menos importante do que determinar quais deles descreviam a pessoa, a situação, o processo. Nessa fase, a habilidade de observar foi, então, muito exigida dos avaliadores, desenvolvendo-se a área de pesquisas da observação comportamental. No entanto, essa forma de trabalhar também trazia suas limitações. Eram produzidas laudas e laudas de descrições que, várias vezes, deixavam de ser úteis, pois havia a necessidade de se escolher, entre os desempenhos, quais deles eram relevantes para se chegar a conclusões úteis, que permitissem diagnósticos, prognósticos e medidas de intervenção;

- JULGAMENTO – surgiu então a necessidade da definição de critérios ou padrões de desempenho desejáveis, a fim de se julgar, entre toda a descrição feita, se o objeto avaliado se aproximava ou se afastava deles. Foi grande – e ainda é – a discussão em torno do assunto *critérios*. Assim, a definição dos critérios ou padrões esperados, com base nos quais se julga se uma situação, desempenho ou atributo atende ou não ao que é preconizado, é atividade das mais delicadas e habilidade fundamental dos avaliadores, atualmente. Além disso, na medida em que a avaliação era praticada como um processo externo ao próprio sujeito avaliado, a questão do julgamento acerca de desempenhos e da justeza dos critérios, tão dependentes do contexto no qual tais desempenhos são gerados e mantidos, foi bastante polêmica – e ainda é;
- NEGOCIAÇÃO – numa tentativa de minimizar a questão do julgamento externo, pois não fazia sentido que decisões sobre as pessoas ou situações fossem tomadas com base em procedimentos cuja definição havia sido feita sem a participação dos envolvidos, surgiram metodologias para avaliação mais participativa. Nesse contexto, a negociação entre avaliador e avaliados começou a acontecer. Assim, negociar a compreensão do que deve ser avaliado, como deve transcorrer a avaliação, quais critérios servirão de parâmetros para o julgamento do significado dos resultados obtidos – enfim, nego-

ciação em todos os momentos de um processo avaliativo – passa a ser a palavra de ordem para avaliadores. É uma forma de reconhecer que a busca da intersubjetividade aproxima-se da objetividade, tão cara aos primeiros avaliadores da área educacional. Como diz Kraemer (2005), nessa fase a avaliação passa a ser considerada responsiva porque,

> [...] diferentemente das alternativas anteriores que partem inicialmente de variáveis, objetivos, tipos de decisão e outros, ela se situa e desenvolve-se a partir de preocupações, proposições ou controvérsias em relação ao objetivo da avaliação, seja ele um programa, projeto, curso ou outro foco de atenção.

De fato, à medida que as controvérsias são úteis na identificação do que deve ser melhorado, já não faz mais sentido realizar avaliações sem que os envolvidos possam discutir e enfrentar suas contradições, negociando sobre critérios de avaliação, padrões de desempenho, objetivos da avaliação ou suas percepções a respeito das melhorias a realizar em função dos resultados obtidos. Enfim, buscam o consenso a respeito da educação que promovem, tomando o cuidado, no entanto, de não eliminar o dissenso, tão importante no amadurecimento das equipes.

Há, ainda, alguns comentários a serem feitos, a respeito do que foi exposto nos parágrafos anteriores:

- a apresentação de quatro gerações que marcaram a evolução do conceito da avaliação educacional é apenas didática e ilustrativa desse desenvolvimento teórico, pois, na realidade, todos os enfoques estiveram presentes ao longo do tempo, com maior foco em um deles, a cada geração;
- uma avaliação bem planejada e bem conduzida precisa contemplar todos os enfoques, devendo, portanto:
    - providenciar procedimentos de mensuração, produzindo dados quantitativos válidos e fidedignos;
    - traduzir as quantidades em descrições que permitam obter um panorama qualitativo acerca da situação ou fenômeno avaliado;

— emitir julgamentos sobre a adequação da situação ou fenômeno, em função de critérios ou padrões previamente elaborados; e
— determinar os critérios ou padrões que servirão de parâmetros para julgamento em negociações com os envolvidos no processo avaliativo, num esforço de construção coletiva, compartilhada e reconhecida por todos.

Além disso, fala-se, hoje em dia, numa quinta geração da avaliação educacional. Trata-se da apropriação dos resultados obtidos em processos avaliativos pelos envolvidos na situação ou fenômeno avaliado. Isso significa que os resultados não deveriam ser estanques, registrados em relatórios e tão somente comunicados aos envolvidos para fundamentar alguma decisão em relação à situação avaliada. Assim fazendo, uma avaliação põe os envolvidos numa posição de espectadores, pouco participantes.

A avaliação que pretende servir como fundamento para os processos de melhoria contínua precisa levar os envolvidos a uma profunda compreensão do significado dos resultados, gerando a motivação para que eles próprios busquem as alternativas de superação das lacunas porventura identificadas. Mais à frente, a apropriação dos resultados pelos envolvidos na situação avaliada será novamente abordada.

> *[...] nós, coordenadores dessas unidades (as duas de Campinas, as de Sumaré, Sorocaba, Santa Bárbara do Oeste, Americana e Itu), nos reunimos e trocamos informações sobre os resultados obtidos no PROVEI e passamos a discutir algumas estratégias que possam ser comuns a todas as unidades, em um trabalho até aqui bastante interessante. (Coordenador pedagógico)*

1.5. AVALIAÇÃO PRECISA, ÚTIL, VIÁVEL E ÉTICA

Manter um alto padrão de qualidade sempre foi uma preocupação constante do SENAI-SP em todos os seus processos avaliativos. Para idealizar o Provei não poderia ser diferente, e, portanto, é pertinente verificar se ele atende aos critérios para essa avaliação.

O ato de avaliar o próprio processo de avaliação é denominado "meta-avaliação", que integra um conjunto de critérios definidos por comitê internacional criado com essa finalidade. Trata-se do Joint Committee (1994), grupo que estudou exaustivamente como verificar a qualidade de um processo avaliativo, e que, em 1994, difundiu a ideia, rapidamente adotada em todo o mundo, de que uma avaliação em educação tem valor quando é útil, precisa, viável e ética. A esse respeito, diz Letichevsky (2007):

> Na medida em que se discute a importância dos processos avaliativos na área educacional e o impacto da utilização dos seus resultados, também surge a discussão sobre os padrões que devem ser adotados pelos envolvidos que, se forem atingidos, irão garantir a qualidade do trabalho. A preocupação em criar padrões para a realização de processos avaliativos é antiga, e talvez seja tão antiga quanto a preocupação com a avaliação. Tal construção é uma tarefa árdua não apenas pela dificuldade técnica a ela inerente, mas, principalmente, pela dificuldade de produzir um trabalho bom tecnicamente e que sensibilize, mobilize e obtenha consenso junto aos diferentes interessados, seja ele o avaliado, quem encomendou ou por quem a utiliza.

É forte recomendação do Joint Committee que uma avaliação não seja conduzida até que se demonstre que ela é útil, viável e ética. As providências técnicas em busca da precisão, quarta característica de uma avaliação, só deveriam ser iniciadas quando os três outros atributos estivessem demonstrados.

No caso do Provei, considera-se que os quatro atributos estão presentes. As informações obtidas nos processos avaliativos são úteis aos interessados, tendo sido, aliás, solicitadas por eles, com vistas à definição de ações que busquem a melhoria dos processos de ensino e de aprendizagem. A avaliação tem se mostrado viável, pois sua aplicação é simples e não acarreta muita alteração na rotina das escolas. É ética, também, porque tem respeitado a identidade de escolas e equipes, na medida em que não se publicam resultados que poderiam expor pessoas ou escolas. Por fim, o envolvimento de instituições externas, experientes na condução técnica e competente de processos avaliativos, garante a precisão dos resultados obtidos.

> *Os resultados do PROVEI não trazerem um "ranqueamento" das Escolas SENAI é um aspecto muito positivo. A ideia é que cada escola reveja os seus conceitos e melhore.* (Docente)

1.6. AVALIAÇÃO SISTEMÁTICA E CONTÍNUA

Outra intenção do PROVEI, desde sua concepção, foi realizar a avaliação de modo sistemático e contínuo. Como bem se pode ler em De Sordi (2002):

> Avaliar não é um ato tópico [...]; não visa à constatação da instantaneidade, mas a um processo que acompanha a existência mesma da instituição.

A realização sistemática de processos avaliativos apresenta inúmeras vantagens, especialmente para a gestão educacional do SENAI-SP. De fato, de nada serviria coletar dados, ainda que dentro dos melhores preceitos técnicos, se um único episódio avaliativo fosse realizado.

> *Posso dizer que, enquanto atuei como gerente, o PROVEI me permitiu indicar medidas como investimentos, revisão de currículos, qualificação de docentes, intensificação do conteúdo transversal e melhorias nas estratégias.* (Ricardo Figueiredo Terra, Diretor Técnico)

Ao ser sistemática e contínua, a avaliação possibilita às escolas e à administração central do SENAI-SP:

- identificar o efeito de certas variáveis ou inovações introduzidas nos processos de ensino e de aprendizagem, a partir da comparação de resultados obtidos sistematicamente;
- verificar a melhoria em um curso, em uma escola, com base na comparação de seus resultados a cada episódio avaliativo;
- realizar estudos mais extensivos e longitudinais, nos quais se compara a evolução dos resultados globais do Senai-SP. Isso é especialmente útil quando são tomadas medidas corporativas cujo efeito se quer verificar;
- reconhecer grupos de alunos que não desenvolveram determinadas capacidades relativas às competências do perfil profissional, tendo em vista a proposição da recuperação da aprendizagem até mesmo para alunos já formados;
- propor estudos de readequação do currículo de um curso, a partir da análise dos resultados da avaliação.

A constância de propósitos na realização do Provei certamente traz uma vantagem competitiva ao Senai-SP na revisão de seus currículos, na capacitação dos docentes e na gestão escolar. No entanto, é muito importante ter clareza de que mudanças significativas e duradouras são lentas, como apontam Fullan e Hargreaves (2000), e exigem um processo de amadurecimento profissional, pessoal e coletivo. Realizar processos avaliativos sistemáticos gera em docentes, coordenadores e diretores a confiança de que a intenção realmente é a da melhoria contínua.

1.7. Pressupostos para a avaliação

O Provei procura disseminar pressupostos a toda a comunidade institucional, para garantir que efetivamente se implante uma cultura de avaliação no Senai-SP. Considera-se que, se todos os envolvidos – alunos, docentes, coordenadores, diretores das escolas, técnicos e gerentes da administração central — forem capazes de assumi-los, a melhoria da qualidade da educação profissional promovida se fará sentir.

Desse ponto de vista, seguem-se alguns pressupostos que fundamentam a realização de processos avaliativos no SENAI-SP:

- A avaliação é realizada para que se faça um diagnóstico acerca dos fatores relacionados aos processos de ensino e de aprendizagem nas escolas.
- A avaliação é a base para replanejamento e reorientação dos processos de ensino e de aprendizagem.
- A avaliação leva ao autodesenvolvimento da comunidade escolar.
- As deficiências encontradas no processo formativo são o ponto de partida para ações de melhoria, assumindo-se que são todos responsáveis pelas situações presentes nas escolas para o desenvolvimento dos cursos.
- A avaliação bem conduzida ajuda a melhorar a autoestima, dá uma base concreta para continuar aprendendo, fortalece, energiza.
- A avaliação é uma via de mão dupla, pois a participação de todos os envolvidos é fundamental, devendo a negociação garantir a efetividade dessa participação.

1.8. A APROPRIAÇÃO DOS RESULTADOS

A participação dos docentes no processo avaliativo é fundamental, devendo acontecer antes, durante e após a aplicação das provas. *Antes* da aplicação os docentes constroem, reformulam ou validam a matriz de referência para elaboração da prova. *Durante* o processo os docentes examinam as provas, no mesmo momento em que os alunos respondem a elas, solicitando a anulação de questões, se for o caso. Com isso, realizam importante exercício de predição, podendo fazer prognósticos dos prováveis resultados que os alunos apresentarão, pois sabem o que foi desenvolvido nas aulas.

E *após* o recebimento dos resultados os docentes os analisam à luz da matriz de referência do curso e do que desenvolveram nas unidades curriculares sob sua responsabilidade, a fim de identificar as possíveis ações de melhoria. É muito importante que cada docente endosse os resultados obtidos, assumindo que eles representam efetivamente os efeitos das ações pedagógicas que realizou e das aprendizagens dos alunos durante o desenvolvimento do curso.

> *O Provei é um indicador que mostra o meu trabalho durante o biênio. Ele me dá parâmetros e me diz os pontos para os quais terei de elaborar um novo planejamento e dar mais atenção. O exame me oferece essa visão por meio dos resultados obtidos pelos alunos. O Provei também propicia parâmetros para os alunos e para a minha chefia.* (Docente)

Assim, em ações de capacitação, os docentes aprendem a compreender os índices psicométricos obtidos em cada questão das provas, além de proceder à análise pedagógica dos resultados. Têm, então, a oportunidade de perceber como reforçar as aulas; quais os aspectos a enfatizar com mais atenção; quais estratégias podem incluir no ensino para mediar a construção dos conhecimentos pelos alunos; quais conhecimentos e habilidades podem deixar de incluir em seus planejamentos de ensino, pois serão desenvolvidos por outro docente; como desenvolver nos alunos habilidades de resolução de problemas, entre outros. Com isso, os docentes aprendem a analisar os índices obtidos tanto do ponto de vista quantitativo como do qualitativo.

Isso é o que se entende por *apropriação dos resultados*, e esse é um fator importante na implantação de processos de melhoria contínua, pois permite que os atores do processo educacional possam participar como protagonistas, compreendendo o significado dos resultados obtidos. Dessa forma é possível identificar e pôr em prática ações educacionais para superar as lacunas porventura existentes na formação oferecida aos alunos.

> *Com a participação dos professores na resolução das provas do PROVEI, houve um estímulo à discussão de questões pedagógicas na escola e muitos professores passaram a considerar a possibilidade de fazer um curso de pedagogia, que se somará à formação técnica específica.* (Coordenadora pedagógica)

Alguns autores referem-se à apropriação de resultados como a quinta geração do desenvolvimento do conceito de avaliação, fundamental nos dias atuais. Já não basta, então, que os envolvidos em processos avaliativos tenham participado em todas as fases do processo, negociando o que avaliar, com quais critérios e padrões de desempenho. É importante que eles assumam os resultados obtidos como representativos dos processos ocorridos nas aulas e reflitam sobre as dificuldades. É importante, enfim, que se sintam responsáveis pelos resultados obtidos.

CAPÍTULO II

A estrutura do Programa de Avaliação da Educação Profissional – Provei

2.1. Desempenho dos alunos como dado de entrada para a avaliação

Entre os dados que se pode utilizar para a avaliação da qualidade da educação no Senai-SP, a opção foi pelo desempenho dos alunos, pois, partindo da sua análise, pode-se inferir se os alunos possuem os conhecimentos e as habilidades cognitivas que embasam as capacidades técnicas para operar eficientemente objetos e variáveis intervenientes no processo de produção (Senai-DN, 2009a).

Se o desempenho dos alunos indica domínio das capacidades técnicas, poder-se-ia dizer que há subsídios para analisar a eficácia e a eficiência dos processos de ensino e de aprendizagem, a adequação dos currículos e a prontidão dos docentes para desenvolver a educação profissional. Quando o desempenho dos alunos não indica o domínio das capacidades técnicas, um conjunto de hipóteses pode ser apresentado e investigado para localizar os fatores determinantes e propor soluções visando à melhoria.

Portanto, que dado de entrada poderia ser melhor para a verificação da qualidade da educação do que os desempenhos dos alunos? Acredita-se que a análise do desempenho dos alunos permite:

- fazer um diagnóstico das falhas de aprendizagem dos alunos;
- propor orientação personalizada aos alunos, pois se percebe suas estratégias de aprendizagem;
- julgar se as ações pedagógicas conduziram à aprendizagem;
- elaborar orientações para os docentes a respeito das estratégias de ensino que utilizam e seus procedimentos de avaliação, além de sugerir hipóteses quanto às suas habilidades de planejar o ensino;
- analisar os currículos, percebendo lacunas importantes a serem superadas.

Um dado comumente utilizado na área da avaliação educacional é o que pensam os envolvidos nos processos sob avaliação. Encontram-se frequentemente, na literatura, estudos de avaliação que desenvolvem instrumentos para buscar as opiniões dos envolvidos a respeito do curso que ministram (quando são os docentes) ou pelo qual passaram (quando se trata dos alunos). São conhecidas as escalas criadas com essa finalidade.

Muito embora saber o que pensam os envolvidos seja um dado qualitativo a ser considerado, o nível de satisfação de um curso, por exemplo, não permite concluir que os alunos estejam formados segundo o perfil profissional desejado. Apenas permite concluir que os alunos gostaram ou não do curso. Pode-se, talvez, com base em suas opiniões, sugerir hipóteses a respeito de aspectos do currículo, mas o objetivo final de um curso de educação profissional não é levar os alunos a terem opiniões sobre o curso. Na realidade, num processo de avaliação, espera-se determinar que conhecimentos os alunos têm e o que sabem fazer. Esses, então, são os dados mais válidos, segundo a proposta do Provei, para julgar as ações formativas do Senai-SP.

> *Para mim, foi como uma prova de final de curso. Serviu para mostrar se eu estava no nível certo para enfrentar o mercado.* (Aluno)

2.2. O PERFIL PROFISSIONAL

Na educação profissional, o perfil é o referencial que norteia a estruturação de um curso, seu desenvolvimento e sua avaliação. Vale a pena descrever o que ele é e como é obtido, pois a atribuição do Provei é verificar o grau de alcance do perfil profissional.

Desde a criação do Senai, na década de 1940, a análise do trabalho tem sido a base inicial para o planejamento curricular e, ao longo dos anos, tem recebido diversas denominações. Os resultados desse tipo de análise são largamente utilizados em processos de organização e de desenvolvimento de pessoas.

O trabalho pioneiro deve-se a Victor Karlovich Della-Vos, engenheiro russo que criou o método de decomposição do ofício com a finalidade de organizar sequenciamento de instruções para o ensino progressivo de engenheiros, técnicos e operários de ferrovia, no século XIX, sob o reinado de Alexandre II. O método foi apresentado em várias feiras mundiais, inclusive na Filadélfia, em 1876. O novo método difundiu-se rapidamente na Europa e nos EUA. Introduzido ainda no século XIX no Massachusetts Institute of Technology (MIT), com a implantação de oficinas e laboratórios, era reservado às práticas e pesquisas dos estudantes de engenharia. Aprender pesquisando, planejando e fazendo – estes foram os motes desde os primórdios de sua aplicação. O uso de uma nova linguagem – o desenho técnico – era fundamental para a apreensão do todo, antes do aprendizado do trabalho correto de suas partes.

O estudo no qual se embasava o método de ensino progressivo em oficinas e laboratórios[1] consagrou-se com o nome de Análise do Ofício, que mais tarde inspiraria Frederick Taylor na administração da produção das fábricas.

O desenvolvimento ulterior do método de decompor um ofício recebeu dezenas de títulos, conforme a aplicação a que se destinava e

---

1. No Senai, o método de ensino progressivo foi o primeiro estágio de desenvolvimento da atual Série Metódica Ocupacional (SMO).

as preferências do teórico que o adaptava a um novo contexto: análise de operações, análise de tarefas, análise funcional, análise do posto de trabalho, técnica do incidente crítico, Dacum, Amod, KSAO[2] e suas derivações, entre outros. De maneira mais ampla, tais técnicas e métodos se inscrevem em um rótulo maior denominado Análise Ocupacional, embora esta última também seja reservada à identificação de atributos comuns existentes a postos de trabalhos semelhantes de diversas empresas. Ou seja, a ocupação é um construto social que não deve ser confundido com a análise do posto de trabalho. Esta, sim, se refere a atributos de um cargo de uma única empresa.

No Brasil, a qualificação profissional se organizou prioritariamente sob a lógica de qualificações transversais[3], para atender à demanda de um conjunto de empresas. Em alguns casos, estudiosos confundiam qualificação transversal com a prática de alguns países – como o Japão – cuja qualificação, historicamente, se vinculava a uma única empresa.

Inicialmente, as práticas de análise de ofício no SENAI-SP concentravam-se nos atributos da ocupação, e não nos atributos do trabalhador. Mais tarde, foram introduzidas técnicas de análise que conectavam os atributos do processo de trabalho, da ocupação e do trabalhador – aspectos que muitos estudiosos ignoram.

Em síntese, de maneira mais (ou menos) abrangente, essas análises resultam no perfil profissional ou ocupacional, que é a descrição sistematizada das funções, tarefas e operações executadas pelo trabalhador de uma ocupação ou profissão. O perfil profissional também indica os padrões de desempenho esperados dos trabalhadores, permitindo, assim, avaliar seu trabalho.

Para se concretizar como referencial para a elaboração e desenvolvimento de currículos, bem como para a avaliação da educação pro-

---

2. Knowledge, Skills, Abilities (KSA) – Sigla que, no Brasil, foi traduzida como Conhecimentos, Habilidades e Atitudes (CHA). Há variações, como o Knowledge, Skills, Abilities and others characteristics (KSAo).
3. São qualificações presentes em diversas atividades econômicas (ex.: mecânico de manutenção, eletricista de manutenção, entre outros).

fissional, o perfil passa por uma tradução pedagógica, tornando-se o elo entre o mundo do trabalho e o mundo da educação.

O perfil assim constituído descreve as competências profissionais requeridas para o exercício de um profissão. A definição de *competência profissional* adotada é

> [...] a mobilização de conhecimentos, habilidades e atitudes profissionais necessárias ao desempenho de atividades ou funções típicas, segundo padrões de qualidade e produtividade requeridos pela natureza do trabalho. (SENAI-DN, 2009a)

Vale comentar que o SENAI-SP sempre elaborou perfis profissionais que descrevem os conhecimentos, as habilidades e as atitudes necessários na preparação do aluno para o agir profissional. Essa, na verdade, é a essência da educação profissional.

Atualmente, uma das opções mais frequentes para a elaboração de perfis profissionais tem por base Comitês Técnicos Setoriais, que contam com a representatividade dos mundos do trabalho e da educação (SENAI-DN, 2009a).

Os Comitês são constituídos por representantes de empresas de pequeno, médio e grande portes, representantes de associações de referência, de sindicatos patronais e de trabalhadores, do meio acadêmico, de órgãos do poder público ligados às áreas de Trabalho, Indústria, Educação ou Ciência e Tecnologia e por especialistas do SENAI. As empresas são convidadas a participar desse trabalho de consenso, trazendo como contribuição a descrição de suas especificidades nas atividades de planejamento, operação, controle do processo, manutenção, entre outras funções do processo produtivo. O produto final do trabalho, conjugando tal pluralidade de visões, é a descrição do perfil profissional que se torna a base para o planejamento curricular.

> *Quando estruturamos o curso, nós o fazemos com os profissionais de empresas do setor. As definições quanto ao perfil, as tecnologias, as ferramentas, entre outras, são feitas com base nas informações desses especialistas*

> da indústria, que conhecem o segmento para o qual o curso é destinado. Isso nos dá a convicção de que o caminho está correto. Então, na realidade, o que fazemos com o processo de avaliação do PROVEI é promover um ajuste fino, já que o perfil é muito bem direcionado, é muito preciso.
> (João Ricardo Santa Rosa, Gerente de Educação)

Além de identificar as competências que definem o saber agir em uma profissão, o Comitê estabelece também o contexto de trabalho dessa qualificação e o futuro que se pode prognosticar para ela. Essas informações formam a base sobre a qual se desenham os currículos e estabelecem um marco coerente para verificar a qualidade da educação profissional.

De acordo com as *Metodologias SENAI para formação profissional com base em competências* e, mais especificamente, a de Elaboração de perfis profissionais por Comitês Técnicos Setoriais (SENAI, 2009a), o perfil profissional

> É a descrição do que idealmente é necessário saber realizar no campo profissional correspondente a uma determinada qualificação. É o marco de referência, o ideal para o desenvolvimento profissional que, confrontado com o desempenho real das pessoas, indica se elas são ou não competentes, se estão ou não qualificadas para atuar em seu âmbito de trabalho. É expresso em termos de competências profissionais.

O processo proposto na Metodologia para elaboração dos perfis profissionais por Comitês Técnicos Setoriais (SENAI-DN, 2009a) para identificar as competências de um perfil profissional segue as seguintes fases:

- identificação da Competência Geral (CG) de uma qualificação, com a definição das principais funções exercidas pelo profissional;
- desagregação da competência geral da qualificação em Unidades de Competência (UC) — as grandes funções que constituem o desempenho profissional. São estabelecidas tantas unidades de com-

petência quantas funções existam com consistência própria (partes significativas do trabalho) (SENAI-DN, 2009a, p. 20);
- definição dos Elementos de Competência (EC) de cada Unidade de Competência. Descrevem o que os profissionais devem ser capazes de fazer nas situações de trabalho (Ibidem, p. 21). Expressam os resultados esperados em cada Unidade de Competência e referem-se a processos, técnicas ou produtos parciais da Unidade de Competência;
- definição dos Padrões de Desempenho (PD) relativos a cada Elemento de Competência. Os padrões, que indicam a qualidade de cada desempenho (PD), são especificações objetivas que permitem verificar se o profissional alcança ou não o resultado descrito no elemento de competência (Ibidem, p. 23). Podem referir-se aos seguintes aspectos: utilização adequada dos meios de produção, materiais e produtos intermediários, aplicação correta de processos, métodos e procedimentos, correta obtenção dos principais resultados do trabalho e seleção e utilização adequadas da informação (Ibidem, p. 24).

Conforme exposto anteriormente, o perfil profissional é a base sobre a qual se desenha o currículo de um curso. Assim, segundo a Metodologia para a elaboração do desenho curricular (SENAI-DN, 2009b, p. 13), o currículo do curso será resultado da decodificação de informações do mundo do trabalho para o mundo da educação, traduzindo-se pedagogicamente as competências do perfil profissional.

Essa decodificação é realizada de acordo com o proposto na metodologia, com a análise do perfil, isto é, a interpretação das competências profissionais, considerando-se que nelas estão contidas competências básicas, específicas e de gestão.

Assim, nesse âmbito metodológico, deve-se entender que:

- as *competências básicas* envolvem os *fundamentos técnicos e científicos*, de caráter geral, em que se baseiam as competências específicas e de gestão relativas à qualificação profissional. Vale lembrar que os fundamentos técnicos e científicos indicam e circunscrevem a base sobre a qual se assenta uma qualificação, expressando desempenhos (explicitados por verbos) e seguidos de contextualização (conhecimento) que são resultado da análise das competências profissionais de um perfil. Podem ser classificados como requisito para o desenvolvimento de outras aprendizagens ou competências.

- as *competências específicas* englobam *capacidades técnicas*, as quais permitem operar eficientemente objetos e variáveis que interferem diretamente na criação do produto. Implicam no domínio de conteúdos no âmbito do trabalho e de conhecimentos e habilidades pertinentes. Ressalta-se que as capacidades técnicas caracterizam uma qualificação, expressando desempenhos específicos (explicitados por verbos), seguidos de contextualização (conhecimento) que são resultado da análise das competências profissionais de um perfil; e
- as *competências de gestão* são o conjunto de capacidades organizativas, metodológicas e sociais, referentes à qualidade e à organização do trabalho, às relações no trabalho e à condição de responder a situações novas e imprevistas.

É oportuno lembrar que o desenvolvimento das

- *capacidades organizativas* possibilita coordenar as diversas atividades, participar na organização do ambiente de trabalho e administrar racional e conjuntamente os aspectos técnicos, sociais e econômicos implicados, bem como utilizar de forma adequada e segura os recursos materiais e humanos à disposição;
- *capacidades metodológicas* permite responder a situações novas e imprevistas que se apresentem no trabalho, com relação a procedimentos, sequências, equipamentos e produtos, encontrar soluções apropriadas e tomar decisões autonomamente;
- *capacidades sociais* permite responder a relações e procedimentos estabelecidos na organização do trabalho, e integrar-se com

eficácia, em nível horizontal e vertical, cooperando com outros profissionais de forma comunicativa e construtiva (SENAI-DN, 2009b, p. 20-21).

O resultado da análise do perfil é utilizado para a estruturação do curso e, assim, torna-se também um referencial para a definição de critérios de avaliação utilizados no PROVEI.

É pertinente lembrar que, embora o SENAI-SP utilize de modo mais frequente a identificação dos perfis profissionais das várias ocupações, bem como estruture seus cursos a partir das *Metodologias SENAI para Formação Profissional com Base em Competências*, ainda estão presentes em sua grade formativa cursos estruturados segundo outras metodologias. O PROVEI avalia cursos independentemente da metodologia adotada para sua estruturação, seguindo os mesmos procedimentos avaliativos.

2.3. SELEÇÃO DOS DADOS A COLETAR

Escolher os dados a coletar numa avaliação educacional é atividade delicada. Os processos formativos são muito complexos, as necessidades de informação variam bastante conforme as expectativas dos diferentes atores envolvidos, devendo-se, inclusive, inibir a forte tentação de incluir informações não necessariamente úteis, numa tentativa de aproveitar para outras finalidades toda a logística envolvida na avaliação que será realizada. Muitos fatores tornam a escolha dos dados a coletar um trabalho incessante de incluir e retirar variáveis a serem investigadas.

A propósito do PROVEI, os dados a coletar são os que levam a aferir se as capacidades atinentes às competências do perfil profissional foram desenvolvidas. Dessa forma, o que se espera do egresso de um curso de educação profissional é que deva:

- estar preparado para o desempenho qualificado em uma profissão;

- compreender as bases gerais técnico-científicas e socioeconômicas da produção, em seu conjunto;
- ter adquirido habilidades e destrezas genéricas e específicas;
- ter desenvolvido capacidades intelectuais que lhe possibilitem um pensamento teórico-abstrato, capaz de analisar, de planejar estratégias e de dar respostas criativas a situações novas;
- ter desenvolvido capacidades que tornem viáveis a realização de um trabalho autônomo e, também, cooperativo quando em equipe.

Esse é, portanto, o primeiro conjunto de dados a serem investigados pelo Provei referindo-se aos resultados de aprendizagem. Um segundo conjunto a ser investigado diz respeito às variáveis intervenientes que podem esclarecer sobre esses mesmos resultados obtidos. Essas informações devem ser buscadas no contexto escolar e na percepção dos atores educacionais quanto aos processos ali desenvolvidos. Elas fornecem o quadro explicativo para a interpretação, como se segue:

- variáveis do próprio aluno, que investigam:
  - nível socioeconômico, escolaridade, contato com meios de comunicação e com computadores e internet, histórico como estudantes, situação e experiência profissional, expectativas em relação ao curso e ao projeto profissional pessoal, hábitos de estudo, expectativa de salário, motivação para vir realizar esse curso no Senai-SP;
  - satisfação com seu próprio desempenho no curso, com os relacionamentos na escola e atendimento do curso às suas necessidades;
  - satisfação com características do curso no que se refere a recursos didáticos, biblioteca e indicação bibliográfica, ambientes pedagógicos, incluindo oficinas e a sua manutenção, atuação dos docentes, carga horária, integração curricular;
- variáveis relacionadas ao contexto do ensino e da aprendizagem na escola que investigam os aspectos administrativos, físicos, mate-

riais, curriculares, pedagógicos e de gestão que podem ter influência na aprendizagem dos alunos, tais como:
— carga horária de trabalho dos docentes na escola;
— formação dos docentes, coordenadores e diretores de escolas;
— participação de todos os atores na elaboração do Projeto Pedagógico da escola;
— preparação técnica e pedagógica das quais participam docentes e equipes;
— sistemática do planejamento de ensino, incluindo carga horária dedicada a esta ação, e avaliação da coerência entre os planos de ensino elaborados pelos docentes e os planos de curso;
— opinião de docentes, coordenadores e diretores de escolas quanto ao estado e funcionamento da biblioteca e demais ambientes pedagógicos, incluindo oficinas;
— satisfação de docentes, coordenadores e diretores com o exercício de suas atividades na escola.

Resumindo, são coletados dados do *desempenho* dos alunos e dados do *contexto* no qual se dão os processos de ensino e de aprendizagem, com o envolvimento de alunos, docentes, coordenadores e diretores.

É importante comentar que a investigação dos desempenhos dos alunos é de duas naturezas complementares: desempenhos diretamente relacionados à *especificidade* das diferentes profissões, envolvendo resolução de problemas típicos das áreas tecnológicas, e desempenhos que indicam o *raciocínio lógico*.

O raciocínio lógico foi incluído no Provei, como um dado a coletar, porque as exigências da indústria têm mostrado a importância de os profissionais chegarem ao mercado de trabalho com domínio das capacidades de raciocinar, planejar e prevenir ocorrências, sendo capazes de captar, processar e transmitir informações.

Além disso, busca-se verificar se há profissões que desenvolvem mais naturalmente o raciocínio enquanto outras necessitam de mais exercício e prática nas habilidades cognitivas. É uma informação bastante relevante em termos da melhoria do currículo e do planejamento de ensino.

Verificar o raciocínio lógico de que o aluno faz uso, sem que ele esteja necessariamente solucionando problemas específicos da área tecnológica, ajuda a identificar em que pontos os processos de ensino e aprendizagem precisam ser fortalecidos. Por isso, são relevantes indagações como: Há lacunas de raciocínio quando resolvem um problema? Os alunos, além do domínio dos conhecimentos específicos das áreas tecnológicas, sabem acionar seus esquemas mentais, sabem operar com informações de conteúdo abstrato?

É possível também comparar os resultados obtidos na verificação do raciocínio lógico com os dados de pesquisas realizadas com itens pré-testados em populações de referência, compostas por indivíduos com características semelhantes às dos alunos do Senai-SP, em relação à escolaridade e faixa etária e que não passaram por formação profissional. Tal comparação pode indicar aspectos do desenvolvimento do raciocínio lógico a serem reforçados ao longo dos cursos. Pode-se verificar, ainda, se a educação profissional melhorou o raciocínio lógico de seus alunos.

CAPÍTULO III

Abrangência do PROVEI

Até hoje, o PROVEI é desenvolvido nas escolas da rede SENAI-SP que ministram Cursos de Aprendizagem Industrial, Técnicos de nível médio e Superiores de Formação de Tecnólogos. O Quadro 1 abaixo apresenta os universos avaliados desde a implantação do PROVEI, em 2001, até a edição de 2009.

QUADRO 1: *PROVEI: Universo da avaliação – 2001-2009*

EDIÇÃO	ALUNOS	CURSOS AVALIADOS			ESCOLAS	MUNICÍPIOS
		CAI	CT	CST		
2001	3.409	10	15	00	51	44
2002	5.200	19	29	00	66	45
2004	7.200	25	30	04	71	52
2006	7.500	25	36	04	75	53
2009	9.050	39	39	04	80	55

Fonte: SENAI-SP – GED – PROVEI.

CAI Cursos de Aprendizagem Industrial
CT Cursos Técnicos
CST Cursos Superiores de Formação de Tecnólogos

Participam do PROVEI todos os alunos concluintes dos cursos avaliados. Recentemente, apenas no caso da educação profissional técnica de nível médio, foram consideradas duas populações definidas pelas seguintes características:

- Alunos com o Ensino Médio completo, oriundos da comunidade em geral e da comunidade empresarial desde 2001.
- Alunos do Ensino Médio de escolas do Serviço Social da Indústria (Sesi-SP) que, a partir do segundo ano, cursam concomitantemente a educação profissional técnica de nível médio no Senai-SP, na proposta de ensino articulado entre Sesi e Senai.

Outras alterações poderão ser incorporadas nas próximas edições, tanto pelas mudanças advindas das configurações dos cursos (ex.: ingresso de alunos que cursam Ensino Médio em outras redes de ensino) quanto pelo interesse em avaliar outras modalidades (ex.: qualificação profissional).

CAPÍTULO IV

Características metodológicas do Provei

As características metodológicas do Provei serão apresentadas a seguir tendo como exemplo o Curso de Aprendizagem Industrial – Mecânico Automobilístico, considerando-se, inicialmente, a estrutura do respectivo perfil profissional em relação às competências profissionais.

O Comitê Técnico Setorial identificou a *competência geral* desse profissional como se segue:

> Diagnosticar falhas e realizar manutenção preventiva (revisar) e corretiva (reparar) de veículos automotores, planejando seu próprio trabalho, consultando manuais dos fabricantes e seguindo normas específicas, técnicas, de segurança, qualidade e meio ambiente.

Em seguida, desagregando essa competência geral, o Comitê identificou três *unidades de competência*:

> UC1 – Diagnosticar falhas em veículos automotores, planejando seu próprio trabalho, consultando manuais dos fabricantes e seguindo normas específicas, técnicas, de segurança, qualidade e meio ambiente.

> UC2 – Realizar a manutenção preventiva (revisão) de veículos automotores, planejando seu próprio trabalho, consultando manuais dos fabricantes e seguindo normas específicas, técnicas, de segurança, qualidade e meio ambiente.

UC3 – Realizar a manutenção corretiva (reparação) de veículos automotores, planejando seu próprio trabalho, consultando manuais dos fabricantes e seguindo normas específicas, técnicas, de segurança, qualidade e meio ambiente.

Continuando o trabalho analítico, o Comitê identificou para cada unidade de competência os elementos de competência e seus respectivos padrões de desempenho. No Quadro 2, a seguir, apresenta-se um excerto do perfil profissional do Mecânico Automobilístico, referente à Unidade de Competência 1.

Quadros semelhantes são obtidos quando da análise das Unidades de Competência 2 e 3 desse mesmo perfil.

Do mesmo modo, no SENAI-SP são avaliados os cursos cujos perfis foram estruturados por métodos de análise ocupacional dos mais variados, para a organização de Séries Metódicas Ocupacionais, como é o exemplo do Curso de Aprendizagem Industrial – Mecânico de Usinagem, descrito a seguir (Quadro 3).

Seja qual for a metodologia utilizada para a descrição do perfil profissional e estruturação do desenho curricular, no PROVEI as provas de conhecimentos específicos são planejadas e elaboradas seguindo os mesmos procedimentos. Assim, a ferramenta utilizada para subsidiar essa elaboração, a fim de que o perfil profissional seja avaliado de modo significativo, denomina-se *matriz de referência do curso*. São elaboradas tantas matrizes quantos forem os perfis profissionais a serem avaliados em cada edição do PROVEI, sendo uma matriz específica para cada curso.

QUADRO 2: *Perfil Profissional do Mecânico Automobilístico – Unidade de Competência 1*

Competência geral: Diagnosticar falhas e realizar manutenção preventiva (revisar) e corretiva (reparar) de veículos automotores, planejando seu próprio trabalho, consultando manuais dos fabricantes e seguindo normas específicas, técnicas, de segurança, qualidade e meio ambiente.

UNIDADE DE COMPETÊNCIA – UC	ELEMENTOS DE COMPETÊNCIA – EC	PADRÕES DE DESEMPENHO – PD
UC1 - Diagnosticar falhas em veículos automotores, planejando seu próprio trabalho, consultando manuais dos fabricantes e seguindo normas específicas, técnicas, de segurança, qualidade e meio ambiente.	Levantar dados sobre os problemas apresentados.	Estabelecendo diálogo com o cliente interno e externo.
		Interpretando informações sobre os problemas relatados.
		Mantendo postura adequada no relacionamento com o cliente.
		Preenchendo a ordem de serviço.
		Executando testes preliminares.
	Constatar o problema.	Testando o funcionamento de componentes.
		Consultando documentação técnica do fabricante.
		Seguindo procedimentos indicados pelo fabricante.
		Realizando testes sensoriais.
		Manuseando corretamente equipamentos e instrumentos adequados.
	Executar testes dos componentes.	Lendo e interpretando dados de medição.
		Elaborando relatórios técnicos ou de serviços.
		Manuseando corretamente equipamentos e instrumentos adequados.
		Comparando resultados.
	Identificar defeitos e suas causas.	Considerando o funcionamento do sistema.
		Estruturando logicamente suas ações.
		Verificando o tempo de solução dos problemas.
		Comparando as informações com o serviço realizado.
		Buscando a satisfação do cliente.
	Inspecionar entrada e saída de veículos.	Elaborando lista de verificação do recebimento do veículo.
		Preenchendo ordem de serviço ou plano de manutenção.
		Obtendo aprovação da ordem de serviço ou do diagnóstico (orçamento).
		Realizando controle de qualidade das intervenções executadas.
		Preparando o veículo para devolução ao cliente.
		Mantendo os ajustes dos itens de conforto.
		Preparando o veículo para manutenção preventiva ou corretiva.
		Zelando pela conservação do veículo e seus pertences.
		Verificando se todas as solicitações foram atendidas.

QUADRO 3: *Perfil Profissional – Metodologia SMO do SENAI-SP*

CAPUT (DESCRIÇÃO SUMÁRIA)	CAI – MECÂNICO DE USINAGEM
	ITENS DO PERFIL PROFISSIONAL DE CONCLUSÃO DO CURSO (P)
Usina peças em materiais ferrosos e não ferrosos, em oficinas próprias, utilizando máquinas-ferramenta convencionais, podendo – quando for o caso – desenvolver programação e operação em máquinas a comando numérico computadorizado; monta conjuntos mecânicos utilizando-se dos processos de ajustagem nos trabalhos individuais ou em grupo, fazendo o controle de medidas das peças usinadas de acordo com normas, padrões e especificações técnicas do produto e observando aspectos de preservação do meio ambiente, saúde e segurança.	*P1* Estabelece a sequência de usinagem de peças a serem produzidas, selecionando os equipamentos necessários à produção de peças em máquinas-ferramenta.
	P2 Seleciona ferramentas de corte de acordo com a peça a ser usinada, alterando parâmetros em razão das condições de usinagem, consultando manuais e catálogos dos fabricantes com vistas ao máximo rendimento da máquina e podendo, quando for o caso, afiar ferramentas de corte manualmente.
	P3 Torneia, fresa, retifica peças, dando-lhes a forma, dimensão e grau de acabamento de superfícies estabelecidas em projeto e, quando necessário, ajusta peças em campo e bancada, consultando catálogos e publicações técnicas.
	P4 Elabora programas em máquinas a comando numérico computadorizado de acordo com os comandos existentes na Escola.
	P5 Faz controle de dimensões, forma, posição e grau de acabamento de peças, empregando instrumentos de medição direta e indireta e comparando a qualidade do produto com normas nacionais e internacionais.
	P6 Interpreta desenhos técnicos de peças e de conjuntos mecânicos, em perspectiva isométrica e em projeção ortográfica, elaborando também projeções ortográficas básicas.
	P7 Realiza atividades de manutenção produtiva total na máquina utilizada por ele, considerando os aspectos hidráulicos, pneumáticos, mecânicos e elétricos.
	P8 Elabora cálculos elementares, necessários à usinagem ou ao controle de peças, bem como relatórios de trabalho específicos; descreve processos de produção, na forma manuscrita e com auxílio de computador.

4.1. A matriz de referência do curso

A *matriz de referência* de um curso subsidia a avaliação da educação profissional com as seguintes finalidades:

- especificar as capacidades técnicas a serem avaliadas;
- especificar o conteúdo dos itens que compõem as provas de conhecimentos específicos;
- garantir a elaboração das provas com foco nas capacidades técnicas mais relevantes para o alcance do perfil profissional;
- aumentar o grau de fidedignidade das provas;
- aumentar o grau de confiabilidade nos resultados de desempenho dos alunos;
- mensurar o grau de alcance dos perfis profissionais;
- nortear a reflexão dos docentes sobre suas práticas formativas e avaliativas;
- promover a divulgação dos perfis profissionais.

Neste ponto é necessário lembrar, conforme abordado anteriormente, que os fundamentos técnicos e científicos da qualificação estudada, bem como as *capacidades* técnicas, sociais, organizativas e metodológicas já identificadas quando da análise do perfil para a elaboração do currículo do curso, são a base para a seleção das capacidades técnicas que devem compor a matriz de referência, tendo em vista avaliar o alcance do perfil profissional.

A identificação das capacidades que serão verificadas na avaliação é uma parte fundamental da construção da matriz de referência de cada curso avaliado. Em última análise, são elas, em suas relações com os elementos de competência e padrões de desempenho de um perfil profissional, que serão verificadas na avaliação. Ressalta-se, então, que, no âmbito do PROVEI, as matrizes de referência são construídas em oficinas de trabalho, por equipes de docentes especialistas do SENAI-SP, das áreas tecnológicas de cada curso avaliado.

> *A matriz de referência é um verdadeiro mapa em que estão indicados os conhecimentos que o aluno deve aprender em cada curso e o grau de profundidade desses conhecimentos.* (Docente)

O perfil profissional é transcrito do Plano de Curso, na íntegra, para a matriz de referência, trazendo em detalhes os elementos que o compõem. Para alcançar as finalidades propostas, as matrizes de referência são estruturadas em três dimensões complementares:

- Primeira dimensão: Relação entre Perfil Profissional e Capacidades Técnicas.
- Segunda dimensão: Relação entre Capacidades Técnicas e os Conhecimentos.
- Terceira dimensão: Relação entre Unidades Curriculares e Capacidades Técnicas.

O cotejamento das informações do perfil profissional com o currículo do curso, nessas três dimensões, é fundamental para a elaboração dos instrumentos de avaliação. E, para isso, os especialistas do SENAI-SP analisam as ementas de conteúdo formativo das *unidades curriculares*[1] que são constituídas de capacidades técnicas (C), capacidades sociais, organizativas e metodológicas e conhecimentos. Selecionam, então, as capacidades técnicas que são fundantes para o alcance do perfil profissional.

Com base na complexidade tecnológica dos cursos avaliados, as capacidades técnicas selecionadas são classificadas em quatro grandes etapas que caracterizam os processos produtivos:

- criar ou interpretar o projeto;
- planejar o trabalho;
- executar o trabalho;
- controlar o processo em função do plano de trabalho.

---

1. *Unidade Curricular* – Unidade pedagógica que compõe o currículo, constituída, numa visão interdisciplinar, por conjuntos coerentes e significativos de fundamentos técnicos e científicos ou capacidades técnicas, capacidades sociais, organizativas e metodológicas, conhecimentos, habilidades e atitudes profissionais, independentes em termos formativos e de avaliação durante o processo de aprendizagem. (SENAI-DN, 2009b.)

Considerando cada unidade de competência (UC), com seus respectivos elementos de competência (EC) e padrões de desempenho (PD), os especialistas analisam cada capacidade técnica (C), verificando se ela é essencial para o alcance de um ou mais padrões de desempenho. Se for considerada essencial, registra-se, na matriz, um X na intersecção entre eles.

Em resumo, esta etapa do trabalho resulta na primeira dimensão da matriz de referência que estabelece as relações entre o perfil profissional e as capacidades técnicas que foram desenvolvidas no curso. A fim de ilustrar esse processo de construção, apresenta-se, no Quadro 4, a *primeira dimensão* da matriz referencial para o Curso de Aprendizagem Industrial – Mecânico Automobilístico, referente à Unidade de Competência 1 analisada. A mesma atividade é realizada, pelos especialistas, para todas as unidades de competência constantes do perfil profissional.

Examinando o Quadro 5, nota-se que 13 capacidades técnicas foram identificadas pelos especialistas do SENAI-SP, no perfil profissional, como fundamentais para o desenvolvimento dos elementos de competência e padrões de desempenho da Unidade de Competência 1 do Mecânico Automobilístico.

Nota-se ainda que as capacidades técnicas *Efetuar ajustes, regulagens, cálculos e medições* (C_{12}) e *Avaliar a qualidade do serviço executado* (C_{13}), referentes à etapa de trabalho *Controlar o processo em função do plano de trabalho*, não foram consideradas essenciais para nenhum dos elementos de competência e seus padrões de desempenho. Isso significa que o Mecânico Automobilístico não mobiliza essas capacidades no âmbito da Unidade de Competência 1 – "Diagnosticar falhas em veículos automotores, planejando seu próprio trabalho, consultando manuais dos fabricantes e seguindo normas específicas, técnicas, de segurança, qualidade e meio ambiente".

Na verdade, as capacidades acima mencionadas serão avaliadas nas Unidades de Competência 2 – "Realizar a manutenção preventiva (revisão) de veículos automotores" e 3 – "Realizar a manutenção corretiva (reparação) de veículos automotores".

Programa de Avaliação da Educação Profissional – PROVEI

QUADRO 4: *Primeira dimensão da matriz de referência para avaliação do Curso de Aprendizagem Industrial – Mecânico Automobilístico*

PERFIL PROFISSIONAL			CAPACIDADES TÉCNICAS AVALIADAS												
Unidade de competência – UC	Elementos de competência – EC	Padrões de desempenho – PD	Criar e/ou interpretar o projeto			Planejar o trabalho			Executar o trabalho						Controlar o processo em função do plano de trabalho executado
			C1 - Elaborar orçamento e ordem de serviço	C2 - Analisar todos os dados levantados	C3 - Apresentar soluções mais adequadas para o problema	C4 - Comparar os dados técnicos encontrados com os valores especificados pelo fabricante	C5 - Controlar registros de manutenção preventiva	C6 - Utilizar manuais e catálogos como referenciais	C7 - Inspecionar componentes durante a desmontagem	C8 - Inspecionar componentes durante a montagem	C9 - Analisar dados durante o processo de montagem	C10 - Realizar testes seguindo os procedimentos dos fabricantes	C11 - Utilizar corretamente instrumentos de medição, máquinas, ferramentas e equipamentos	C12 - Efetuar ajustes, regulagens, cálculos e medições	C13 - Avaliar a qualidade do serviço executado
UC1 - Diagnosticar falhas em veículos automotores, planejando seu próprio trabalho, consultando manuais dos fabricantes e seguindo normas específicas, técnicas, de segurança, qualidade e meio ambiente.	Levantar dados sobre os problemas apresentados.	Estabelecendo diálogo com o cliente interno e externo.	X	X	X										
		Interpretando informações sobre os problemas relatados.	X	X	X										
		Mantendo postura adequada no relacionamento com o cliente.	X	X	X										
	Constatar o problema.	Preenchendo a ordem de serviço.	X	X	X	X	X	X	X						
		Executando testes preliminares.	X	X	X	X	X	X	X						
		Testando o funcionamento de componentes.	X	X	X	X	X	X	X			X			
		Consultando documentação técnica do fabricante.	X	X	X	X	X	X	X			X			
		Seguindo procedimentos indicados pelo fabricante.	X		X	X	X	X	X			X			
	Executar testes dos componentes.	Realizando testes sensoriais.	X	X		X	X	X	X			X			
		Manuseando corretamente equipamentos e instrumentos adequados.		X		X	X	X	X			X	X		
		Lendo e interpretando dados de medição.	X	X		X	X	X	X			X	X		
		Elaborando relatórios técnicos ou de serviços.	X	X		X	X	X	X			X	X		
		Manuseando corretamente equipamentos e instrumentos adequados.				X	X	X	X			X	X		
		Comparando resultados.		X		X	X	X	X			X	X		

(continua)

Características metodológicas do PROVEI

PERFIL PROFISSIONAL

Competência geral: Diagnosticar falhas e realizar manutenção preventiva (revisar) e corretiva (reparar) de veículos automotores, planejando seu próprio trabalho, consultando manuais dos fabricantes e seguindo normas específicas, técnicas, de segurança, qualidade e meio ambiente.

Unidade de competência – UC

Elementos de competência – EC:
- Identificar defeitos e suas causas.
- Inspecionar entrada e saída de veículos.

CAPACIDADES TÉCNICAS AVALIADAS

- **Criar e ou interpretar o projeto:**
  - C1 - Elaborar orçamento e ordem de serviço
  - C2 - Analisar todos os dados levantados
  - C3 - Apresentar soluções mais adequadas para o problema
  - C4 - Comparar os dados técnicos encontrados com os valores especificados pelo fabricante
- **Planejar o trabalho:**
  - C5 - Controlar registros de manutenção preventiva
  - C6 - Utilizar manuais e catálogos como referenciais
- **Executar o trabalho:**
  - C7 - Inspecionar componentes durante a desmontagem
  - C8 - Inspecionar componentes durante a montagem
  - C9 - Analisar dados durante o processo de montagem
  - C10 - Realizar testes seguindo os procedimentos dos fabricantes
  - C11 - Utilizar corretamente instrumentos de medição, máquinas, ferramentas e equipamentos
  - C12 - Efetuar ajustes, regulagens, cálculos e medições
- **Controlar o processo em função do plano de trabalho:**
  - C13 - Avaliar a qualidade do serviço executado

Padrões de desempenho – PD	C1	C2	C3	C4	C5	C6	C7	C8	C9	C10	C11	C12	C13
Considerando o funcionamento do sistema.	X	X									X		
Estruturando logicamente suas ações.	X	X	X								X		
Verificando o tempo de solução dos problemas.	X	X	X								X		
Comparando as informações com o serviço realizado.	X	X	X	X	X	X	X						
Buscando a satisfação do cliente.	X	X											
Elaborando lista de verificação do recebimento do veículo.	X		X		X					X			
Preenchendo ordem de serviço ou plano de manutenção.	X	X	X		X	X				X			
Obtendo aprovação da ordem de serviço ou do diagnóstico (orçamento).	X	X	X			X							
Realizando controle de qualidade das intervenções executadas.				X	X		X			X	X		
Preparando o veículo para devolução ao cliente.	X	X											
Mantendo os ajustes dos itens de conforto.	X		X							X			
Preparando o veículo para manutenção preventiva ou corretiva.	X	X	X				X						
Zelando pela conservação do veículo e seus pertences.	X			X			X			X			
Verificando se todas as solicitações foram atendidas.	X		X		X	X							

Raciocínio semelhante é aplicado pelos especialistas para elaborar a *segunda dimensão* das matrizes de referência, a que estabelece relações entre as capacidades técnicas e os conhecimentos. Ou seja, considerando a experiência profissional e o domínio do processo formativo do curso, os especialistas identificam, nas unidades curriculares que desenvolvem capacidades técnicas, os conhecimentos passíveis de avaliação por meio de provas objetivas de múltipla escolha.

A finalidade dessa dimensão é delimitar a complexidade, a profundidade e a abrangência do conteúdo das questões que serão elaboradas para compor as provas de conhecimentos específicos. Dessa forma, conclui-se a *segunda dimensão* da matriz de referência, na qual, como já foi referido, se estabelecem as relações entre as capacidades técnicas escolhidas e os respectivos conhecimentos.

Na *terceira dimensão* da matriz é estabelecida a relação entre unidades curriculares e capacidades técnicas de todas as unidades curriculares do curso a ser avaliado, uma vez que na primeira dimensão só foram consideradas as unidades curriculares nas quais são desenvolvidas capacidades técnicas. Essas relações são estabelecidas para assegurar que todos os docentes que atuam nos cursos avaliados se reconheçam como agentes da avaliação e fortaleçam cada vez mais a percepção da relevância da unidade curricular que ministram para garantir o alcance do perfil profissional. Isso é necessário para o sucesso do Provei (Quadro 6).

Nota-se, a partir da leitura da *terceira dimensão* da matriz do Curso de Aprendizagem Industrial – Mecânico Automobilístico, que todas as unidades curriculares concorrem para o desenvolvimento das três unidades de competência do perfil profissional. No entanto, nem todas as unidades curriculares são responsáveis pelo desenvolvimento de todas as capacidades avaliadas no Provei.

A leitura das matrizes, considerando-se as três dimensões, permite inferir a importância desse trabalho para os docentes do curso avaliado, pois cada um pode identificar a relevância da unidade curricular em que leciona para o desenvolvimento das capacidades relativas às competências do perfil profissional.

QUADRO 5: *Segunda dimensão da matriz de referência para avaliação do Curso de Aprendizagem Industrial – Mecânico Automobilístico*

	CONHECIMENTOS	CAPACIDADES TÉCNICAS
1	Elementos de máquinas: elementos de fixação, elementos de apoio, elementos de transmissão, elementos de vedação e elementos elásticos.	C_2
2	Metrologia: régua graduada, paquímetro, micrômetro, relógio comparador, verificador de folgas, goniômetro	$C_4 - C_{11}$
3	Usinagem (Ajustagem).	C_{12}
4	Sistema de suspensão mecânica: pneus e aros, barra estabilizadora, amortecedores, molas, cubos e conjuntos articulados.	$C_1 - C_3 - C_8 - C_8 - C_{10}$
5	Sistema de direção mecânica e hidráulica: caixa de direção mecânica e hidráulica, bomba de direção hidráulica, árvore de direção, articulações, geometria de direção e balanceamento de rodas.	$C_1 - C_3 - C_8 - C_9 - C_{10}$
6	Sistema de freios hidráulicos: freio a tambor, freio a disco, freio de estacionamento, servo freio, fluido, cilindro mestre, cilindro da roda, válvulas proporcionadoras, circuito hidráulico e freios *Anti-lock Breaking System* (ABS).	$C_1 - C_3 - C_8 - C_9 - C_{10}$
7	Lubrificantes.	C_4
8	Sistema de transmissão: transmissão articulada, juntas homocinéticas, embreagem, caixa de mudanças mecânica, eixo motriz.	$C_1 - C_3 - C_8 - C_9 - C_{10}$
9	Motor de combustão interna: cabeçote, bloco do motor, conjunto móvel, sistema de lubrificação, sistema de arrefecimento, sistema de ignição, sistema de alimentação de combustível ciclo Otto e sistema de alimentação de combustível ciclo Diesel.	$C_1 - C_3 - C_8 - C_9 - C_{10}$
10	Sistemas eletroeletrônicos: carga e partida, iluminação e sinalização, imobilizador, sistemas de acionamento elétrico de vidros e travas de portas, sistema de climatização.	$C_1 - C_3 - C_8 - C_9 - C_{10}$
11	Emissão de poluentes.	$C_4 - C_2$
12	Interpretação dos planos de manutenção preventiva.	$C_{13} - C_5$
13	Interpretação dos relatórios de serviços.	$C_{13} - C_5$

> *O Provei propicia um* feedback *do trabalho do professor, ou seja, o que o professor conseguiu passar com êxito para o aluno.* (Docente)

Além disso, os docentes podem identificar, nos instrumentos de avaliação, as questões que dizem respeito às diferentes unidades curriculares; conferir os resultados obtidos pelos alunos e estabelecer relações entre as capacidades verificadas em cada questão da prova e os conteúdos formativos pelos quais sua unidade curricular é responsável.

Trata-se de importante procedimento para a autoavaliação dos docentes, tendo em vista o replanejamento dos processos de ensino e de aprendizagem. E, em última análise, é importante para a melhoria da educação profissional no Senai-SP. Enfim, este é um dos sentidos dados à expressão "melhoria fundamentada em dados objetivos" sobre a qual se discorreu no início deste texto.

> *É necessário ao docente ter maturidade para aceitar resultados adversos apontados no relatório. Temos de lidar com isso. E quando falo em maturidade é também para saber identificar no que podemos melhorar como professores.* (Docente)

4.2. Os instrumentos de avaliação

Para mensurar o grau de alcance dos perfis profissionais pelos alunos são aplicadas prova de conhecimentos específicos e prova de raciocínio lógico. A solicitação para as instituições externas que realizam o Provei é que as questões, nos instrumentos de avaliação, apresentem algumas características:

- ser interdisciplinares;
- mensurar habilidades cognitivas, sendo os conhecimentos apenas pretextos;

Características metodológicas do PROVEI

QUADRO 6: Terceira dimensão da matriz de referência para avaliação do Curso de Aprendizagem Industrial - Mecânico Automobilístico

CAPACIDADES TÉCNICAS AVALIADAS			Comunicação oral e escrita	Informática	Desenho técnico automotivo	Matemática Aplicada	Ciências Aplicadas	Gestão de recursos	Eletroeletrônica	Fundamentos de Mecânica veicular	Tecnologia Automotiva Aplicada
Controlar o processo em função do plano de trabalho		C13 - Avaliar a qualidade do serviço executado	X	X					X	X	X
Executar o trabalho		C12 - Efetuar ajustes, regulagens, cálculos e medições				X			X	X	X
		C11 - Utilizar corretamente instrumentos de medição, máquinas, ferramentas e equipamentos				X		X	X	X	X
		C10 - Realizar testes seguindo os procedimentos dos fabricantes	X	X				X	X	X	X
		C9 - Inspecionar componentes durante a montagem							X	X	X
		C8 - Inspecionar componentes durante a desmontagem							X	X	X
Planejar o trabalho		C7 - Analisar dados durante o processo de montagem	X	X	X			X	X	X	X
		C6 - Utilizar manuais e catálogos como referenciais	X	X	X		X		X	X	X
		C5 - Controlar registros de manutenção preventiva	X	X		X			X	X	X
		C4 - Comparar os dados técnicos encontrados com os valores especificados pelo fabricante	X	X		X	X		X	X	X
Criar e ou interpretar o projeto		C3 - Apresentar soluções mais adequadas para o problema						X	X	X	X
		C2 - Analisar todos os dados levantados	X					X	X	X	X
		C1 - Elaborar orçamento e ordem de serviço	X	X		X		X	X	X	X
UNIDADES CURRICULARES			Comunicação oral e escrita	Informática	Desenho técnico automotivo	Matemática Aplicada	Ciências Aplicadas	Gestão de recursos	Eletroeletrônica	Fundamentos de Mecânica veicular	Tecnologia Automotiva Aplicada
UNIDADE DE COMPETÊNCIA 3			X	X	X	X	X	X	X		X
UNIDADE DE COMPETÊNCIA 2			X	X	X	X	X	X	X	X	X
UNIDADE DE COMPETÊNCIA 1			X	X	X	X	X	X	X		X

- verificar o domínio de metodologias aplicadas para o desenvolvimento dos saberes em áreas tecnológicas. Por exemplo: compreensão do método experimental;
- apresentar situações-problema contextualizadas.

> *Considerando a proposta do* PROVEI, *tenho insistido com os avaliadores que privilegiem questões que coloquem para os alunos situações-problema. E que cada vez mais fiquem para trás solicitações que exijam apenas o uso da memória. Estamos pensando naquele perfil de saída mesmo. Nas competências que o aluno tem de ter e que precisará manejar na indústria.*
> (João Ricardo Santa Rosa, Gerente de Educação)

4.2.1. Provas de conhecimentos específicos

As provas de conhecimentos específicos são compostas por 30 questões objetivas de múltipla escolha, inéditas, apresentadas sob a forma de situações-problema, sendo uma prova específica para cada curso avaliado.

As questões da prova são elaboradas pelos especialistas externos das áreas tecnológicas, com base nas matrizes de referência construídas pelos especialistas do SENAI-SP. Para todas as relações estabelecidas pelos elaboradores e apontadas nas matrizes de referência é elaborada pelo menos uma questão de prova. Considerando a natureza da aprendizagem, a interdisciplinaridade e a contextualização próprias da educação profissional, uma mesma questão pode abranger uma ou várias capacidades técnicas.

As questões da prova são distribuídas na respectiva matriz de referência, levando em consideração o conhecimento abordado e sua pertinência na relação entre capacidade técnica e perfil profissional. Esse procedimento visa a verificar se todas as relações apontadas nas matrizes foram abordadas em pelo menos uma oportunidade de avaliação – uma questão da prova. Fornece, também, indicadores para se mensurar o grau de alcance do perfil profissional.

4.2.2. Provas de raciocínio lógico

As provas de raciocínio lógico possuem número variado de questões a cada edição do PROVEI, podendo ser de dez até trinta as questões que são agregadas à prova de conhecimentos específicos.

No início da implantação do PROVEI, as questões de raciocínio lógico eram as mesmas para todos os alunos, independentemente da modalidade do curso. Atualmente, nas edições em que o raciocínio lógico tem sido verificado, há questões diferentes para cada modalidade de educação profissional – aprendizagem, técnico ou superior de formação de tecnólogos.

O raciocínio lógico pode ser entendido como um mecanismo cognitivo utilizado para solucionar problemas simples ou complexos, em suas mais diferentes formas de conteúdo verbal, numérico, espacial ou abstrato. É composto por um conjunto de habilidades cognitivas que permite aos alunos estabelecer relações entre fatos, identificando semelhanças, diferenças, causas e efeitos.

As questões que investigam raciocínio lógico podem focalizar várias habilidades. É possível avaliar as predominantemente linguísticas que envolvem leitura e interpretação de pequenos textos, a partir dos quais são solicitadas, por exemplo, deduções, inferências, conclusões. Além disso, as questões podem exigir habilidades lógico-matemáticas e espaciais ou ter um conteúdo eminentemente abstrato, fator básico para o raciocínio lógico. Ademais, as questões podem verificar a habilidade dos alunos em resolver problemas que exigem a decomposição de um estímulo visual (figura), associando suas partes a outros atributos mais abstratos.

Seja qual for a ênfase dada a essa verificação, as questões têm investigado a capacidade de raciocinar e de solucionar problemas não diretamente relacionados às áreas tecnológicas dos cursos avaliados.

> Essas instituições (externas) contam com pessoal especializado em aplicação de provas elaboradas a partir de conceitos voltados mais para verificar as capacidades de raciocinar de modo lógico e de resolver problemas

> *do que para medir o desempenho em situações que privilegiem o uso da memória.* (Walter Vicioni Gonçalves, Diretor Regional)

4.3. O CONTEXTO PARA A INTERPRETAÇÃO DOS RESULTADOS

A fim de identificar as variáveis que possam explicar os resultados dos alunos nas provas de conhecimentos específicos e de raciocínio lógico, são utilizados outros instrumentos ou estratégias de avaliação: questionários, entrevistas e grupos de foco. Busca-se descrever o perfil socioeconômico dos alunos e suas expectativas, além de identificar os aspectos curriculares e pedagógicos, administrativos, físicos, materiais e de gestão existentes nas escolas para o desenvolvimento dos processos de ensino e de aprendizagem.

Os dados obtidos na aplicação desses instrumentos são relacionados ao desempenho dos alunos nas questões de raciocínio lógico e de conhecimentos específicos por meio de ferramentas estatísticas. Com esse relacionamento espera-se estabelecer associações entre características, opiniões e expectativas dos alunos e equipes da escola e os resultados de desempenho.

> *O PROVEI não é constituído apenas das provas a que os alunos são submetidos; há ainda os questionários que os alunos respondem e as entrevistas individuais feitas com o estudantes. Tudo isso traz subsídios para a escola melhorar o seu trabalho.* (Coordenador pedagógico)

4.3.1. Questionários

Trata-se de quatro questionários distintos para:

- 1. alunos participantes da avaliação;
- 2. todos os docentes que atuaram com esses alunos;

- 3. coordenadores técnicos e ou pedagógicos; e
- 4. diretores das escolas envolvidas na avaliação.

Os questionários respondidos pelos alunos são identificados, para permitir as análises preconizadas. Já aqueles respondidos por docentes, coordenadores e diretores não são identificados, visando a permitir maior liberdade de críticas e sugestões.

4.3.2. Entrevistas presenciais

As entrevistas qualitativas têm a finalidade de aprofundar a investigação sobre variáveis intervenientes no processo de ensino e aprendizagem, cujo efeito emerja da análise dos resultados dos questionários. Portanto, as escolas a serem visitadas, as variáveis cuja investigação será aprofundada e a composição dos grupos de entrevistados são definidas após o processamento e a análise das respostas dos questionários. Usualmente, são entrevistados os diretores de escolas e profissionais das equipes técnico-pedagógicas.

4.3.3. Grupos focais

Podem ser realizados, ainda, grupos de foco com alunos, a fim de confirmar os dados obtidos na aplicação dos questionários e entrevistas. A quantidade dos grupos de foco varia de edição para edição do Provei, e podem ser constituídos diferentemente em cada caso – podem reunir alunos de cursos diferentes de uma mesma escola, alunos de escolas diferentes de um mesmo período de aulas (matutino, vespertino ou noturno), alunos de escolas diferentes, mas de um mesmo curso. Seja qual for a composição do grupo, ela é definida em função de resultados obtidos na aplicação das provas objetivas e de hipóteses criadas para explicá-los.

Dessa forma, o corpo docente, os coordenadores de cursos, os diretores de escola e os alunos são ouvidos, com o objetivo de levantar as condições existentes nas escolas para o desenvolvimento dos cursos. Com essas estratégias, pretende-se compor um quadro referencial, quantitativo e qualitativo, que evidencie as causas dos resultados obtidos nas provas.

4.4. Análise das provas pelos docentes

No mesmo momento em que as provas de conhecimentos específicos estão sendo aplicadas aos alunos, elas são objeto de avaliação por docentes do Senai-SP e de outras instituições de ensino, bem como por especialistas representantes da comunidade empresarial, que permanecem em outros ambientes – instalações organizadas em cada escola envolvida no processo e destinadas especificamente a essa atividade –, onde resolvem as questões e avaliam os instrumentos.

> *A discussão na sala dos docentes a respeito da prova é uma das riquezas do Provei. Os professores resolvem a prova ao mesmo tempo em que os alunos... Cada um traz o seu olhar para discutir a pertinência ou não das questões, em função dos pressupostos explicitados no Plano de Curso.*
> (Coordenadora pedagógica)

É pioneira a iniciativa de convidar representantes das empresas para participar de momentos como esse, em que se realiza a avaliação dos cursos, estimulando a discussão e a reflexão sobre as questões educacionais do Senai-SP. É também uma excelente ocasião para que esses interlocutores possam conhecer o trabalho educacional desenvolvido e o perfil profissional dos alunos que estão sendo formados para o mercado de trabalho.

Os profissionais assim reunidos avaliam principalmente três aspectos das provas: adequação gráfica, conteúdo das questões e características das questões, acrescentando seus comentários. Além disso, atribuem uma nota que varia de zero a dez a cada uma das questões das provas. Também apontam e justificam a indicação das questões que, na sua percepção:

- devem ser anuladas;
- são as mais difíceis e as mais fáceis;
- são as mais bem formuladas;
- são as mais mal formuladas; e
- apresentam problemas técnicos de conteúdo ou termos técnicos inadequados.

Nesse momento de análise das provas, os docentes podem solicitar a anulação de questões para a instituição externa que conduz a avaliação e, para isso, precisam justificar tecnicamente, a fim de fundamentar a decisão posterior da instituição quanto a atender ou rejeitar os pedidos.

> *Os docentes primeiro resolvem a prova e, em seguida, debatem aspectos formais e de conteúdo do exame. Eventualmente, podem detectar e apontar falhas, como, por exemplo, na apresentação equivocada de um problema, ou na inserção de uma determinada questão que não se enquadre no verdadeiro foco daquele curso que está sendo examinado.* (Docente)

As atividades desenvolvidas na avaliação das provas têm sido consideradas valiosas porque representam uma oportunidade de trabalho conjunto e interdisciplinar, favorecendo a percepção da organização curricular do curso como um todo integrado, que conduz ao perfil profissional.

> *Nós, professores, não temos acesso às folhas com as questões até a hora da aplicação da prova. Desconhecemos totalmente o seu conteúdo. Essa medida é para resguardar completamente a lisura desse processo de avaliação.* (Docente)

A resolução e avaliação das provas e, se houver, os pedidos de anulação de questões são registrados em formulários específicos para essa finalidade. Os aspectos avaliados pelos docentes são apresentados no Quadro 7, a seguir.

QUADRO 7: *Aspectos avaliados pelos docentes*

AVALIAÇÃO GRÁFICA DA PROVA (DAR UMA NOTA DE ZERO A DEZ EM CADA ITEM)
Apresentação: capa e instruções
Legibilidade dos textos e/ou ilustrações
Qualidade visual
Espaçamento para resolução (se aplicável)
AVALIAÇÃO DO CONTEÚDO DAS QUESTÕES (DAR UMA NOTA DE ZERO A DEZ EM CADA ITEM)
Grau de raciocínio exigido
Abrangência
Clareza dos enunciados
Profundidade na abordagem
Adequação ao nível dos alunos
Interdisciplinaridade
Relevância dos tópicos abordados
Contextualização
Adequação ao perfil profissional
Adequação técnica
Conteúdo programático ainda não abordado
CARACTERÍSTICAS DAS QUESTÕES (REGISTRAR OS NÚMEROS DAS QUESTÕES EM CADA CASO)
Questões mais difíceis
Questões mais fáceis
Questões mais bem formuladas
Questões mais mal formuladas
Questões com problemas técnicos de conteúdo
Questões a serem anuladas
Questões com termos técnicos inadequados
COMENTÁRIOS, SUGESTÕES E CRÍTICAS

4.5. Análise dos resultados da avaliação

Considerando-se a importância da qualidade das provas para assegurar a validade e a fidedignidade dos resultados obtidos, as provas de conhecimentos específicos aplicadas no Provei são aferidas mediante técnicas quantitativas e qualitativas, respectivamente denominadas análises psicométrica e pedagógica.

4.5.1. Análise psicométrica das provas

A análise dos desempenhos dos alunos nas provas de conhecimentos específicos é realizada por meio de estudos estatísticos, de cada prova, com os índices obtidos pelas questões, conforme preconizado pela Teoria Clássica dos Testes (TCT). São calculados o *índice de discriminação* (R_{bis}) e o *índice de dificuldade* para cada questão de cada prova.

O *índice de discriminação* indica o poder que ele tem de separar os alunos que detêm o conhecimento avaliado dos que não o detêm e, portanto, acertaram a questão com base em "chute" ou informação fortuita. Calcular o R_{bis} de cada questão de uma prova exige operações estatísticas complexas, pois inclui correlações entre todas as respostas, a todas as questões, dos alunos que tiveram as notas mais altas na prova e todas as respostas, a todas as questões, dos alunos que tiveram as notas mais baixas na prova. Isso é feito para cada alternativa de cada questão. O R_{bis} produzido em cada questão de uma prova é interpretado à luz do Quadro 8:

QUADRO 8: *Índice de discriminação* R_{bis}

R_{bis}	SIGNIFICADO	AVALIAÇÃO DA QUESTÃO
negativo	Questão foi acertada pelos examinandos com nota mais baixa, isto é, foi resultado de um "chute" e não mede quem tem realmente o conhecimento	deficiente, deve ser descartada
0,0 - 0,19	Questão não discrimina os que têm dos que não têm o conhecimento	deficiente, deve ser descartada
0,20 - 0,29	Questão tem pouco poder de discriminação	deficiente, porém sujeita a reformulação
0,30 - 0,39	Questão consegue medir e discriminar quem sabe e quem não sabe	boa, mas ainda sujeita a aprimoramento
$\geq 0,40$	Questão mede e discrimina bem o grau de conhecimento	muito boa

O *índice de dificuldade* de uma questão é obtido a partir da proporção de alunos que a acertaram. O quadro a seguir mostra a escala para a interpretação desse índice.

QUADRO 9: *Escala para interpretação do índice de dificuldade de cada questão das provas*

PROPORÇÃO DE ALUNOS QUE ACERTARAM A QUESTÃO	GRAU DE DIFICULDADE
$\geq 0,86$	muito fácil
0,61 a 0,85	fácil
0,41 a 0,60	médio
0,16 a 0,40	difícil
$\leq 0,15$	muito difícil

Assim, conforme a porcentagem de acerto em cada questão, determina-se seu índice de dificuldade. É feita, ainda, uma média de acertos para as quatro etapas de um processo de trabalho: criar ou interpretar o projeto; planejar o trabalho; executar o trabalho; controlar o processo em função do plano de trabalho.

Para cada curso é elaborado um quadro semelhante ao exemplo que se apresenta abaixo, contendo os resultados obtidos nas *capacidades* avaliadas, agrupadas segundo as quatro etapas (Quadro 10):

QUADRO 10: *Exemplo de resultado agregado para as etapas de trabalho do profissional*

ETAPAS DE TRABALHO	PORCENTAGEM MÉDIA DE ACERTO NAS CAPACIDADES AVALIADAS									
	0,10	0,20	0,30	0,40	0,50	0,60	0,70	0,80	0,90	1,00
Criar e ou interpretar o projeto	■	■	■							
Planejar o trabalho	■	■	■	■	■	■				
Executar o trabalho	■	■	■	■	■	■	■	■	■	■
Controlar o processo em função do plano de trabalho	■	■	■							

Interpretam-se esses resultados de acordo com a seguinte escala para determinação do *grau de alcance do perfil profissional* (Quadro 10):

QUADRO 11: *Escala para interpretação do grau de alcance do perfil profissional de conclusão do curso*

MÉDIAS OBTIDAS	INTERPRETAÇÃO
> 0,60	*bom* desenvolvimento do grupo de *capacidades*
entre 0,40 e 0,60	desenvolvimento *mediano* do grupo de *capacidades*
< 0,40	desenvolvimento *modesto* do grupo de *capacidades*

No exemplo dado, de acordo com a escala apresentada, os conjuntos de capacidades incluídas nas etapas "criar ou interpretar o projeto" e "controlar o processo em função do plano de trabalho" estão *modestamente* desenvolvidos. A etapa "planejar o trabalho" está *medianamente* desenvolvida e a etapa "executar o trabalho" está *bem* desenvolvida.

De posse desse tipo de resultado para cada curso avaliado, o SENAI-SP pode realizar inúmeras análises que fundamentam o planejamento referente à orientação a ser dada aos docentes, às equipes técnico-pedagógicas e à direção das escolas, nos vários níveis de gestão. Assim, por exemplo, ao se identificar que os alunos desenvolveram bem a etapa "executar o trabalho" e que isso se repete nos resultados da maioria dos cursos, pode-se levantar a hipótese de que os docentes estão enfatizando o "saber fazer" em detrimento das demais capacidades referentes às competências do perfil profissional. Isso pode ser verificado em ações locais, se as equipes estiverem orientadas e de posse dos resultados de avaliação.

4.5.2. Análise pedagógica das provas

De posse dos resultados quantitativos das provas de conhecimentos específicos — R_{bis} e índice de dificuldade — procede-se à análise pedagógica. Identificam-se as questões que se mostraram mais difíceis para os alunos, analisando principalmente a porcentagem de assinalamentos nas alternativas erradas. A análise cuidadosa desses dados, especialmente no que se refere às opções incorretas, auxilia o docente a entender melhor o tipo de erro cometido por seus alunos, a identificar conceitos ainda não estruturados, enfim, a reconhecer que aprendizagens foram ou não realizadas, em termos de conhecimentos ou capacidades.

> *Os docentes, por exemplo, conseguem identificar se há falhas no plano de ensino, se será preciso mudar a estratégia de aula ou se faltam recursos ao aluno para poder acompanhar o curso naquele grau de profundidade.*
> (Coordenadora pedagógica)

A análise pedagógica das provas é habilidade que vem sendo desenvolvida junto aos docentes após cada edição do PROVEI. Para tanto, são realizadas várias oficinas em que eles aprendem a interpretar os índices psicométricos obtidos e a usá-los para analisar as porcentagens de respostas dos alunos em cada alternativa de cada questão da prova. Esse procedimento traz relevantes informações para a identificação de ações de melhoria nos processos de ensino e de aprendizagem.

4.5.3. *Resultados advindos de questionários, entrevistas e grupos de foco*

Os questionários dos *alunos* permitem as seguintes triangulações de dados:

- caracterização sociodemográfica do alunado do Senai-SP, por modalidade, por escola e por curso;
- interpretação dos resultados de desempenho dos alunos nas provas de conhecimentos específicos, por modalidade, por escola e por curso.

Os questionários dos *docentes*, *coordenadores* e *diretores* permitem:

- caracterização sociodemográfica do corpo docente, dos coordenadores e diretores;
- síntese de todos os temas e seus respectivos itens, investigados por meio dos três questionários, acompanhada de uma análise comparativa das relações existentes entre os temas;
- estabelecimento de conclusões que identifiquem fatores determinantes em relação às diferenças de desempenho dos alunos e indiquem pontos fortes e de melhoria referentes aos cursos avaliados e às escolas envolvidas na avaliação;
- sugestões de ações de melhoria da educação profissional ministrada no Senai-SP.

As informações obtidas nas entrevistas presenciais e nos grupos focais, quando realizados, são submetidas a uma análise de conteúdo, técnica essa que agrupa as verbalizações dos diversos sujeitos em categorias que expressam um significado comum. Dessa forma, é possível que cada escola participante obtenha as principais percepções de seus representantes.

Ademais, dentro de um panorama qualitativo, ao comparar os resultados das diversas escolas, é possível observar as diferenças e semelhanças nas percepções e, com isso, caracterizar cada unidade de ensino em função de suas particularidades e contextos específicos. Também são identificados os aspectos que permeiam e dão identidade à rede de ensino do SENAI-SP.

> *[...] eu olhava para um conjunto de escolas, procurando identificar em cada uma delas os aspectos positivos, que empurravam os resultados do PROVEI para cima, e buscava meios para fazer que essas boas práticas pudessem atingir o conjunto das escolas.* (Ricardo Figueiredo Terra, Diretor Técnico)

4.6. A DIVULGAÇÃO DOS RESULTADOS

Tendo como referência os princípios avaliativos descritos até aqui, a divulgação dos resultados do PROVEI é feita no âmbito da Diretoria Regional do SENAI-SP, da Diretoria Técnica (DITEC) e das gerências que a compõem, da Auditoria Educacional (AUDI-E), dos diretores e coordenadores das escolas, bem como dos docentes e alunos envolvidos.

O PROVEI não tem como princípio a classificação ou o *ranking* de escolas e alunos, por isso a apresentação dos resultados é feita de tal forma que não permita comparações. Ao longo do tempo pode ser feita comparação de uma escola ou curso consigo mesmos tendo em vista o alcance das capacidades técnicas referentes ao perfil profissional.

> *O Provei oferece ao aluno uma referência clara sobre o que realmente aprendeu.* (Aluno)

Os resultados são divulgados conforme se segue:

Frequência dos alunos e gabaritos das provas

Os gabaritos preliminares das questões de conhecimentos específicos e os índices de frequência dos alunos são divulgados um dia útil após a aplicação das provas.

Boletins de desempenho dos alunos

Cada aluno recebe um boletim de desempenho, que apresenta:

- as notas por ele obtidas nas provas de conhecimentos específicos, raciocínio lógico e situação-problema;
- as médias dos resultados gerais do curso, em sua escola e nas da rede do Senai-SP em que o curso é ministrado;
- as médias dos desempenhos obtidos nas modalidades de educação profissional ofertadas no Senai-SP — aprendizagem industrial, técnico de nível médio e superior de formação de tecnólogos.

> *Achei bom, porque eu consegui ver bem algumas matérias em que eu estava bem, e outras em que estava mais ou menos.* (Aluno)

Boletins de desempenho das escolas

Cada escola envolvida na avaliação recebe um boletim de resultados, contendo:

- as médias obtidas por seus alunos, em cada curso avaliado, nas provas e na situação-problema;
- a frequência de comparecimento no dia das provas;

- as médias gerais da rede de escolas que desenvolvem os mesmos cursos, sem a identificação das escolas, indicando seu posicionamento diante dos resultados da rede;
- as médias dos desempenhos obtidos nas modalidades de educação profissional ofertadas no SENAI-SP, especificando os resultados dos alunos que frequentam, concomitantemente, o Ensino Médio no SESI-SP e o ensino profissional de nível técnico no SENAI-SP.

> *Consegue-se obter informações sobre a qualidade dos cursos, considerando máquinas, equipamentos que a escola possui, de acordo com a avaliação dos alunos, docentes, dos coordenadores pedagógicos e das empresas. E também a escola passa a contar com um conjunto a mais de informações para verificar se está sendo de fato absorvido o trabalho pedagógico de aprimoramento dos docentes, desenvolvido rotineiramente, principalmente nos recessos. Podemos ainda verificar se os conteúdos estão adequados, e se as metodologias empregadas pelos docentes também estão adequadas. Isso é possível porque o PROVEI oferece os resultados individualizados, por escola.* (Diretor de escola)

Relatórios de avaliação

São elaborados os seguintes relatórios analíticos:

- relatório geral, que permite uma visão global do processo de avaliação da educação profissional ministrado no SENAI-SP, em todos os cursos avaliados;
- relatório executivo, que representa uma síntese dos principais resultados apresentados no relatório geral;
- relatórios específicos das escolas – relatórios individuais, contendo análises específicas para cada uma das escolas. Naquelas em que há alunos que frequentam, concomitantemente, o Ensino Médio no SESI-SP, é feita análise específica para esse público, idêntica à que é feita para os demais, utilizando ferramentas estatísticas que permitem comparações e identificação dos principais fatores que determinam eventuais diferenças de resultados entre essas duas populações;

- relatórios específicos dos cursos avaliados – relatórios individuais, contendo análises específicas para cada um dos cursos. Nos cursos técnicos de nível médio em que há alunos que frequentam, concomitantemente, o Ensino Médio no Sesi-SP é feita análise específica para esse público, idêntica à que é feita para os demais, utilizando ferramentas estatísticas que possibilitam comparações e identificação dos principais fatores que determinam eventuais diferenças de resultados entre essas duas populações.

4.7. O uso dos resultados

Ao sinalizar oportunidades de melhoria, a avaliação realizada pelo Provei passa a servir de base para iniciativas educacionais na concepção ou reformulação de cursos, adequação e aprimoramento das instalações das escolas e capacitação do corpo docente. Seus resultados, portanto, têm desdobramentos em diversos níveis de atuação, quais sejam:

No nível dos alunos

Para os alunos que participam do Provei, os resultados significam mais uma oportunidade de autoavaliação e a consequente reflexão sobre o seu grau de prontidão para ingressar no mercado de trabalho.

> *Deu para perceber que eu absorvi bastante do que foi oferecido durante o curso.* (Aluno)

No nível escolar

Para a utilização dos resultados da avaliação como subsídio para atendimento das necessidades das escolas, os diretores das unidades escolares são convidados a apresentar, em reuniões presenciais, uma proposta de ação de melhoria dos processos de ensino e aprendizagem, incluindo a descrição das condições necessárias para colocá-la em prática. As propostas são divulgadas e discutidas em grupos de trabalho com as gerências regionais.

Alguns exemplos de ações já realizadas pelas escolas a partir dos resultados alcançados no Provei podem ser apresentados:

- aplicação de exercícios de raciocínio lógico aos alunos para reforçar os conjuntos de habilidades cognitivas aí incluídas;
- discussão a respeito do curso avaliado, analisando-se sua estruturação consolidada em Plano de Curso, com todos os docentes que nele atuam;
- providências para aumentar a participação dos alunos na aplicação das provas;
- providências para reforçar o nível de informação dos docentes quanto aos programas de avaliação educacional em andamento no Senai-SP, quanto ao estágio supervisionado e outras ações;
- capacitação de docentes para desenvolver e avaliar a resolução de situações-problema com os alunos, incluindo essa estratégia nos planos de ensino;

> *Está sendo feito um esforço para remodelar o formato das questões propostas nas avaliações feitas periodicamente pela escola, a fim de deixá-las mais próximas das apresentações do Provei. É uma tarefa que exige empenho do docente. Procurei produzir questões no formato contextualizado do Provei e demorei muito mais tempo do que normalmente demoro para elaborar o enunciado de uma questão.* (Docente)

- elaboração de instrumentos de avaliação integrada;
- revisão de conteúdos formativos, estratégias de ensino e de avaliação da aprendizagem das unidades curriculares com menores índices de aproveitamento no Provei;
- investimentos para ampliação e atualização do acervo da biblioteca;
- realização de reuniões conjuntas com os docentes da escola tendo em vista o levantamento de possíveis causas para os resultados obtidos e a indicação de propostas de melhoria;

- adoção de novas sistemáticas de acompanhamento da ação docente.

No nível gerencial
Diretoria Técnica/Gerência de Educação (GED)
Desde sua primeira edição, em 2001, os resultados apontam oportunidades de melhoria com base nas quais a GED define ações educacionais que são consubstanciadas em seu Plano de Trabalho anual. Entre elas, citam-se algumas já realizadas:

- capacitação dos coordenadores pedagógicos e docentes para:
  - realizar análise pedagógica dos resultados com vista à identificação dos aspectos do ensino que podem melhorar o desempenho dos alunos;
  - analisar o conjunto de matrizes de referência do curso avaliado buscando, no processo de ensino e de aprendizagem, razões que possam explicar os resultados modestos, medianos ou bons;

> *Como fazemos parte de um sistema, as ações não são descoordenadas, muito pelo contrário. Assim, em todas as edições em que ocorreu o PROVEI, na ocasião da apresentação dos resultados, fomos chamados à sede e a Gerência de Educação fez uma apresentação geral do que ocorreu no PROVEI, e entregou a cada unidade, de maneira individualizada, o relatório com os seus resultados específicos. Os resultados apresentados estabelecem uma relação entre o desempenho obtido em determinada escola e o desempenho geral das unidades SENAI envolvidas nos cursos em avaliação. (Coordenador pedagógico)*

  - desenvolver raciocínio lógico e qualidades pessoais dos alunos.

- realização de estudos para:
  - revisar cursos;
  - reorientar a prática docente.
- Auditoria Educacional (AUDI-E).

O Provei é uma das vertentes da autoavaliação institucional preconizada no Sistema Nacional de Avaliação do Ensino Superior (Sinaes). Atende também aos atos regulatórios de recredenciamento das Faculdades Senai de Tecnologia, no Ministério da Educação (mec).

4.8. À guisa de conclusão das características metodológicas do Provei

Os procedimentos que vêm orientando a avaliação dos cursos do Senai-SP podem ser caracterizados como:

- investigativos, porque buscam caminhos para entender os resultados;
- quantiqualitativos, porque utilizam métodos quantitativos e qualitativos para coletar dados e informações;
- preordenados, porque se desenvolvem à luz dos objetivos explicitados em projeto que deu início ao Provei;
- responsivos, porque atendem aos interesses dos atores envolvidos.

CAPÍTULO V

Considerações finais

5.1. Fatores relacionados ao sucesso do Provei

Pode-se afirmar que os objetivos do Provei vêm sendo atendidos. O sucesso de uma iniciativa como essa se faz a muitas mãos. Não há como ser diferente. A análise desse sucesso mostra que vários fatores podem ser apontados como responsáveis por essa situação.

> *Um sistema como o Provei não é algo que se encontre pronto. Na verdade, resulta do trabalho e do empenho de um grande número de profissionais do Senai-SP – incluindo os docentes, técnicos, coordenadores, diretores –, os quais, com o passar dos anos, foram ajudando a construir o modelo que deve ser permanentemente aprimorado.* (Walter Vicioni Gonçalves, Diretor Regional)

O apoio das lideranças é um dos principais aspectos a se ressaltar. Está bem documentada na literatura a importância desse fator para a implantação de uma cultura de avaliação em uma instituição (Kells, 1992). De fato, é fácil compreender por que esse fator é tão importante. São as lideranças – da administração central, das escolas, de grupos dentro das escolas – que criam uma atmosfera de confiança, assegurando que os problemas identificados na avaliação poderão ser discutidos abertamente, pois não se trata de identificar os culpados por determinado estado de coisas.

Além disso, o aporte financeiro para a avaliação, decidido em geral nas instâncias superiores, é fator muito importante na sustentação das atividades. Esse aspecto está relacionado a outro fator de destaque no sucesso do PROVEI. Trata-se da constância de propósitos. Uma cultura de avaliação não se estabelece de imediato. Considera-se que são necessários vários episódios avaliativos para que os envolvidos – docentes, equipes técnico-pedagógicas, diretores de escolas, alunos, pais – percebam que esta é uma ação que, ao ser instituída, necessita do empenho de todos para se manter e trazer resultados realmente úteis à comunidade escolar.

> *Quando o PROVEI começou a fluir, realmente se percebeu que era um instrumento poderoso para viabilizar as melhorias na nossa educação; aí o educador se motiva e se engaja.* (Ricardo Figueiredo Terra, Diretor Técnico)

O fato de se reconhecer que o planejamento da avaliação é consistente e reflete as necessidades de informação dos docentes e das equipes nas escolas, e que o processo avaliativo produz resultados fidedignos, é outro fator de sucesso do PROVEI. A aplicação da prova em um único dia, em cada curso, é também preponderante no sucesso da avaliação, pois é uma garantia de que se trata de prova inédita para todos os alunos. Isso diz respeito à *credibilidade* no processo avaliativo, o que se constitui em enorme fator motivacional para a participação.

A adesão voluntária à avaliação também pode ser considerada outro quesito responsável pelo sucesso do PROVEI. Pode-se imaginar qual seria a credibilidade nos resultados se os alunos fossem obrigados a fazer as provas? É sabido que um processo avaliativo pouco resiste se houver dissonância entre seus propósitos e as ações para sua adoção.

Há, sim, incentivos à participação, mas é o aluno quem decide se deseja usufruir deles ou não. São sorteados brindes entre os que comparecem e nenhuma consequência decorre se o aluno decidir não comparecer. A frequência de comparecimento, dessa forma, indica o quanto a avaliação está fazendo parte da vida institucional e adquirindo significado para os alunos.

Considerações finais

> *Estou bem ansioso para fazer a prova. Acredito que, ao participarem da prova, os alunos ajudam o* Senai *a avaliar e depois a melhorar seus cursos.* (Aluno)

Outro aspecto que contribui para o sucesso do Provei revela-se quando as escolas solicitam a atualização tecnológica da capacidade instalada e dos docentes e técnicos, justificando seus pedidos com base na análise dos resultados obtidos, e são atendidas.

A contratação de instituição externa para realização dos procedimentos técnicos e elaboração das provas é também agente de sucesso do Provei. A credibilidade da instituição contratada ajuda a garantir aos envolvidos que eles estão participando de um processo sério para o qual vale a pena dedicar seus esforços.

> *Uma considerável vantagem que o* Senai *vem obtendo com o* Provei *é poder contar com um olhar externo, de uma instituição de renome, que tenha experiência nesse tipo de atividade. Isso nos ajuda muito a aperfeiçoar a qualidade do processo educacional.* (João Ricardo Santa Rosa, Gerente de Educação)

E, por fim, a valorização da função educacional, decorrente da avaliação, é mais uma causa de sucesso do Provei. Trata-se de uma demonstração para os alunos e seus pais, para as empresas e para a comunidade em geral de que o Senai-SP considera de grande valor a educação que promove nas escolas.

5.2. Afinal... o que é qualidade na educação profissional?

Uma primeira resposta a essa pergunta parece óbvia — a educação alcança maior grau de qualidade conforme os resultados de aprendizagem vão melhorando. Mas será apenas isso? Buscam-se melhores resultados, independentemente do processo por meio do qual se chegou a eles? De que adianta obter melhores resultados de aprendizagem se docentes, equipes técnico-pedagógicas e alunos envolvidos no processo formativo continuam insatisfeitos, desmotivados, ansiosos, tristes ou sobrecarregados de atividades, inclusive as avaliativas? Nesse caso, considera-se que há qualidade na educação?

Ou o que se quer é encontrar uma qualidade diferente no processo formativo, uma sinergia que transpareça cotidianamente na escola, transformando a melhoria da aprendizagem dos alunos no aspecto mais importante de tudo o que ocorre na escola, motivando docentes e equipes técnico-pedagógicas a manterem o foco na aprendizagem?

Além da melhoria nos resultados, pode-se pensar em vários outros indícios de que se está obtendo *qualidade na educação*, como decorrência da sistemática de realização do PROVEI:

- participação de todos – deve ser possível notar um progressivo aumento na adesão dos atores educacionais em sucessivos episódios de avaliação. E isso acontece porque docentes, equipes técnico-pedagógicas e alunos percebem a importância de dispor de dados objetivos para seu crescimento como profissionais e como pessoas. Passam a valorizar, também, a discussão coletiva que leva a identificar as ações de melhoria;

> *Os alunos levam questionamentos aos professores após as provas. Não é preciso nem estimular. Na primeira aula após o PROVEI, eles te cobrem com um monte de perguntas, dúvidas e sugestões. Sem que o PROVEI exija deles, os alunos fazem uma autoavaliação, e é dessa autoavaliação que surgem todos aqueles questionamentos e comentários.* (Docente)

- apropriação dos resultados – deve ser possível verificar se os docentes examinam cuidadosamente os resultados obtidos e reconhecem que eles representam informação importante para o replanejamento de suas ações educacionais. Portanto, deve ser possível verificar se eles reveem sua prática pedagógica e escolhem estratégias de ensino alter-

Considerações finais

nativas que facilitem a aprendizagem dos alunos e seu contato com os conhecimentos e capacidades que devem desenvolver. Esse amadurecimento dos docentes tem relação com uma educação de qualidade;
- avaliação útil para o ambiente interno – um subproduto importante da realização do PROVEI é o de poder comunicar às empresas e clientes que as ações educativas estão sendo acompanhadas de maneira profunda e consistente, produzindo-se dados que fundamentam as decisões de melhoria. No entanto, isso não é o mais importante, como se mostrou neste documento reiteradamente. O efeito mais importante da realização do PROVEI é a implantação de uma cultura de avaliação que, gradativamente, vai se transformando em coadjuvante nas ações de gestão escolar, possibilitando que esta se apoie em dados obtidos num processo avaliativo confiável e rigoroso. Isso promove educação de qualidade;
- capacitação dos docentes em serviço – já se comentou sobre este aspecto como um efeito importante da realização do PROVEI. Ao estudar as matrizes referenciais, constatando as relações entre as unidades curriculares e as competências do perfil profissional e, após as provas, ao analisar as relações entre os resultados obtidos e as unidades curriculares em que atuam, os docentes podem ter uma visão mais abrangente da contribuição de sua prática pedagógica para a aprendizagem dos alunos. Além disso, as questões das provas específica e de raciocínio lógico são uma boa amostra para os docentes, a partir da qual podem identificar o que lhes falta reforçar nos processos de ensino e de aprendizagem.

> *Os docentes e os alunos têm incorporado a avaliação como algo normal, como parte da atividade escolar. Está ficando mais claro para todos que a função primordial da avaliação é contribuir para a melhoria do processo, e não servir de base para qualquer tipo de punição.* (João Ricardo Santa Rosa, Gerente de Educação)

Por fim, é muito provável que, ao receber o relatório de resultados, contendo as análises psicométricas e pedagógicas para cada curso avaliado, uma escola se comprometa a utilizar as informações ali contidas para realizar orientação técnico-pedagógica dos docentes e fazer análises do contexto da própria escola. Os docentes e equipes locais são os profissionais ideais para interpretar os resultados obtidos, explicá-los à luz das condições e processos existentes na escola e definir e implantar as ações de melhoria, solicitando participação de especialistas em educação da administração central quando sentem necessidade de ajuda para concretizá-las.

Dessa forma, não são apenas os resultados do desempenho dos alunos que podem indicar a qualidade da educação profissional. Melhor seria dizer que, com o auxílio do Provei, ocorre um processo contínuo de qualificação da educação praticada no Senai-SP.

Corrobora essa afirmação um conjunto de pontos fortes, apresentado em relatórios das instituições externas. Dizem elas que são pontos fortes do trabalho do Senai-SP:

- a imagem pública, construída, consolidada e difundida principalmente pelos usuários do sistema;
- a confiança no Senai-SP como centro educacional de referência que prepara para o mercado de trabalho e agrega diferencial em processos seletivos para emprego;
- a compatibilidade entre o curso e a área de trabalho dos alunos que estão empregados;
- a qualificação dos gestores e docentes e a opção pela docência como tarefa principal do docente;
- as instalações físicas disponíveis para o ensino;
- a qualidade dos recursos didáticos, de laboratórios, oficinas, máquinas, equipamentos, ferramentas e instrumentos;
- o planejamento do ensino visando ao alcance do perfil profissional e ao nível de satisfação do alunado com o atendimento das suas expectativas de formação profissional;
- uma cultura de avaliação que informa, norteia e define ações de melhoria contínua da qualidade do ensino profissional ministrado em suas escolas.

5.3. O APRIMORAMENTO DO PROCESSO AVALIATIVO

O processo de avaliação da educação profissional não se esgota apenas nos procedimentos metodológicos preconizados atualmente pelo PROVEI. Por se tratar de avaliação no âmbito da educação profissional, o PROVEI tem um grande desafio à frente: o de incluir *provas de execução* como mais um instrumento para medir a aprendizagem dos alunos. Uma prova de execução

> [...] tem a finalidade de verificar se a pessoa possui as competências profissionais necessárias para realizar atividades que geralmente requerem a utilização de equipamentos, instrumentos, máquinas, ferramentas, materiais etc. Elas podem ser executadas em condições reais (ou seja, tal qual em uma situação de trabalho) ou em condições simuladas (isto é, "como se fossem reais"). (SENAI-DN, 2004.)

Como se nota, uma prova de execução consiste em o aluno executar determinadas operações para resolver uma situação-problema, obtendo um produto concreto. Em uma prova de execução, o avaliador pode observar tanto o processo de execução utilizado pelo avaliado quanto o produto que resulta de suas ações. Isso significa que o avaliador observa os alunos enquanto eles realizam a prova, verificando se mobilizam os conhecimentos, habilidades e atitudes desenvolvidos no curso, segundo os padrões de desempenho estabelecidos no perfil profissional.

Considerando-se o número de alunos que realizam o PROVEI – cerca de 9 mil –, pode-se ter a dimensão da dificuldade na realização dessa ação. Ela se faz necessária, no entanto, tendo em vista que o *saber fazer* é uma característica essencial da educação profissional. Com a intenção de superar esse desafio, o SENAI-SP vem retomando práticas avaliativas que preconizam aplicação de provas de execução, realizando experiências para estudar as possibilidades de agregar aos resultados do PROVEI as análises em profundidade decorrentes da aplicação de provas de execução.

Outra experiência realizada na última edição do PROVEI (2009) refere-se à aplicação de uma *situação-problema*, no mesmo momento da aplicação das demais provas. Trata-se de prova aberta, contendo uma situação mais complexa, típica do agir profissional na qualificação avaliada. Ela é elaborada conforme as seguintes características preconizadas nas *Metodologias SENAI para formação profissional com base em competências* (SENAI-DN, 2009a, b, c.):

- são suficientemente complexas e típicas da qualificação avaliada, possibilitando identificar, por meio da análise dos procedimentos adotados para sua resolução, a integração dos conhecimentos com as capacidades técnicas presentes no curso;
- são contextualizadas com base no contexto de trabalho da qualificação a ser avaliada, criando um cenário que engloba as demandas identificadas no perfil profissional;
- provêm de uma escolha das competências específicas e dos conhecimentos que estão intrinsecamente a elas relacionados e que serão o foco da resolução pretendida;
- englobam, em sua resolução, os fundamentos técnicos e científicos e ou as capacidades selecionadas, contextualizando-os com as competências apontadas pelo perfil profissional;
- indicam claramente o que se espera do aluno como produto final da resolução da situação, explicitando suficientemente os dados que ele deverá utilizar nesse processo, tais como informações referentes a materiais, instrumentos, equipamentos, prazos, disponibilidade financeira, finalidades do trabalho e outras informações pertinentes a cada situação;
- possibilitam identificar, nos procedimentos de resolução dos alunos, a responsabilidade própria de cada unidade curricular do curso avaliado;
- definem os critérios de avaliação esperados na resolução da situação, muitos dos quais podem ser padrões de desempenho definidos no perfil profissional.

Enfim, iniciativas como essas possibilitam aprimorar continuamente a avaliação educacional praticada no PROVEI. Mais que isso, é no papel de coadjuvante na construção de conhecimento sobre a instituição que está a contribuição desse programa de avaliação para o SENAI-SP.

> *O PROVEI veio para ficar. Acredito que não seja mais possível para o SENAI voltar atrás.* (Diretor de escola)

REFERÊNCIAS BIBLIOGRÁFICAS

BLOOM, B. S. (Ed.). *Taxonomy of Educational Objectives*. Handbook I: Cognitive Domain. New York: Mc Kay, 1956.

DELORS, J. et alli. *Educação*: um tesouro a descobrir. Relatório para a UNESCO da Comissão Internacional sobre Educação para o Século XXI. São Paulo: Cortez; Brasília, DF: MEC: UNESCO, 1998.

DE SORDI, M. R. L. Entendendo as lógicas da avaliação institucional para dar sentido ao contexto interpretativo. In: VILLAS BOAS, B. M. F. *Avaliação*: políticas e práticas. Campinas: Papirus, 2002.

FERNANDES, D. *Avaliação das aprendizagens:* refletir, agir e transformar. Congresso Internacional sobre Avaliação na Educação, 3, 2005, São Paulo, Anais... São Paulo, 2005.

FULLAN, M.; HARGREAVES, A. *A escola como organização aprendente*: buscando uma educação de qualidade. 2. ed. Porto Alegre: Artmed, 2000.

HADJI, C. *Avaliação desmistificada*. Porto Alegre: Artmed, 2001.

JOINT COMMITTEE ON STANDARDS FOR EDUCATIONAL EVALUATION. *The program evaluation standards*. 2. ed. Thousand Oaks, CA: Sage Publications, 1994.

KELLS, H. R. *Self-Regulation in higher education:* a multinational perspective on collaborative systems of quality assurance and control. London: Jessica Kingsley Publishers, 1992.

KRAEMER, M. E. P. *Avaliação da aprendizagem como processo construtivo de um novo fazer*. Disponível em: <http://www.gestiopolis.com/Canales4/ger/avaliacao.htm>. Acesso em: março 2005.

LETICHEVSKY, A. C. Meta-avaliação: um desafio para avaliadores, gestores e avaliados. In: MELO, M. M. (Org.). *Avaliação na Educação*. Pinhais: Melo, 2007.

PENNA FIRME, T. *Avaliação*: tendências e tendenciosidades. Ensaio: Avaliação e Políticas Públicas em Educação. Rio de Janeiro, v. 1, nº 2, 1994.

SACRISTÁN, J. G. A avaliação no ensino. In: SACRISTÁN, J. G.; GÓMEZ, A. I. P. *Compreender e transformar o ensino*. 4. ed. Porto Alegre: Artmed, 1998.

SAUL, A. M. *Avaliação Emancipatória*. Desafio à teoria e à prática de avaliação e reformulação de currículo. 2. ed. São Paulo: Cortez, 1988.

SENAI-DN. Serviço Nacional de Aprendizagem Industrial. Departamento Nacional. *Metodologia [de] avaliação e certificação de competências*. Brasília, 2002.

SENAI-DN. Serviço Nacional de Aprendizagem Industrial. Departamento Nacional. *Metodologia [de] avaliação e certificação de competências*. 2. ed. Brasília, 2004.

SENAI-DN. Serviço Nacional de Aprendizagem Industrial. Departamento Nacional. *Metodologias SENAI para formação profissional com base em competências*: elaboração de perfis profissionais por Comitês Técnicos Setoriais. 3. ed. Brasília, 2009a.

SENAI-DN. Serviço Nacional de Aprendizagem Industrial. Departamento Nacional. *Metodologias SENAI para formação profissional com base em competências*: elaboração de desenho curricular. 3. ed. Brasília, 2009b.

SENAI-DN. Serviço Nacional de Aprendizagem Industrial. Departamento Nacional. *Metodologias SENAI para formação profissional com base em competências*: norteador da prática pedagógica. 3. ed. Brasília, 2009c.

SENAI-SP. Serviço Nacional de Aprendizagem Industrial. Departamento Regional de São Paulo. *Diretrizes de planejamento de ensino e avaliação do rendimento escolar*. São Paulo, 1987.

SENAI-SP. Serviço Nacional de Aprendizagem Industrial. Departamento Regional de São Paulo. *Projeto de Avaliação Institucional*, 2004 (uso interno).

SENAI-SP. *De homens e máquinas*: Roberto Mange e a formação profissional. São Paulo: SENAI-SP Editora, 2012. (Engenharia da Formação Profissional).

SILVA, J. F. da. *Avaliação na perspectiva formativa-reguladora*: pressupostos teóricos e práticos. Porto Alegre: Mediação, 2004.

VILLAS BOAS, B. M. F. (Org.). Apresentação. In: _____. *Avaliação*: políticas e práticas. Campinas: Papirus, 2002.

FONTE	Fournier
PAPEL	Polen Bold 90 g/m²
IMPRESSÃO	Geográfica Editora
TIRAGEM	2.000